全国中等职业学校电工类专业通用

全国技工院校电工类专业通用（中级技能层级）

机械知识课教学设计方案

——与《机械知识（第六版）》配套

杜　峰　主编

中国劳动社会保障出版社

简介

本书是全国中等职业学校电工类专业通用教材 / 全国技工院校电工类专业通用教材（中级技能层级）《机械知识（第六版）》的配套用书，供教师教学使用。

本书按照教材顺序编写，内容安排力求体现教材的编写意图，以期为教师授课提供多方面的帮助。书中包括“学时分配表”“教学目标”“教学重点”“教学难点”“教学建议”“教学实施方案”等内容，教师可结合教学实际情况和学生特点使用。

本书由杜峰任主编，王波、张萌、王华参与编写。

图书在版编目（CIP）数据

机械知识课教学设计方案：与《机械知识（第六版）》配套 / 杜峰主编．-- 北京：中国劳动社会保障出版社，2022

全国中等职业学校电工类专业通用　全国技工院校电工类专业通用．中级技能层级

ISBN 978-7-5167-5649-2

Ⅰ．①机…　Ⅱ．①杜…　Ⅲ．①机械学 - 中等专业学校 - 教材　Ⅳ．①TH11

中国版本图书馆 CIP 数据核字（2022）第 203416 号

中国劳动社会保障出版社出版发行

（北京市惠新东街 1 号　邮政编码：100029）

*

保定市中画美凯印刷有限公司印刷装订　　新华书店经销

787 毫米 ×1092 毫米　16 开本　7.75 印张　145 千字

2022 年 12 月第 1 版　　2022 年 12 月第 1 次印刷

定价：16.00 元

营销中心电话：400-606-6496

出版社网址：http://www.class.com.cn

http://jg.class.com.cn

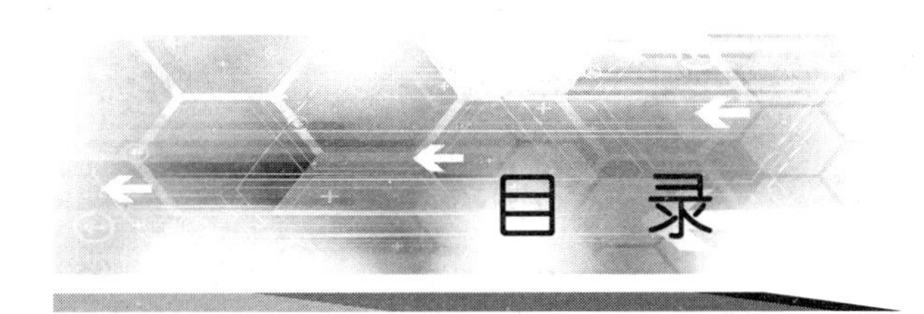

目录

第六章　轴系零部件

第七章　液压传动

第八章　气压传动

第九章　机械加工基础

绪论

一、教学目标

1. 掌握机械的组成、机械零件的失效形式和性能要求。
2. 了解机械工程材料的种类。
3. 了解课程性质、内容和任务。
4. 培养学习机械知识的兴趣，具备一定的观察和识别能力。
5. 培养认真的学习态度和严谨的工作作风。

二、教学重点

1. 学习本课程的目的。
2. 机器、机构、构件、零件的定义及区别。
3. 培养学生学习本课程的兴趣。

三、教学难点

培养和提高学生发现问题、分析问题和解决问题的能力。

四、教学建议

1. 在绪论的教学中，要培养学生学习本课程的兴趣，引起学生追求和探究的欲望，激发学生主动参与学习的积极性。

2. 使学生明确学习本课程重在对知识的应用，要通过紧密结合实际来不断提高综合应用能力，强调在生产、生活中学以致用的重要性。

五、教学实施方案

教学内容	教师活动	学生活动
【教学引入】 展示日常生活和生产实践中常见的机械，如洗衣机、摩托车、汽车、起重机、钻床、飞机、电脑等。	引导学生认识身边的机械，激发学生学习机械知识的兴趣	思考：在日常生活中如果没有机械，生活会是什么样的?
一、机械 1. 机械的组成（重点） 机械是机器和机构的总称。 （1）机器 1）常见机器的类型及应用	展示不同类型的机器，讲解教材表0–1中机器的类型	思考：日常生活中机械的构造和用途相同吗?
2）机器各组成部分及其作用 机器由动力部分、传动部分、执行部分和控制部分组成。	对照教材图0–2，分析台钻的组成部分 对照教材表0–2，讲解机器各组成部分的作用	随堂练习：分析汽车的组成部分及其作用
（2）机构 机构是具有确定相对运动的实物组合，是机器的重要组成部分。机器与机构的区别主要是机器能完成有用的机械功或转换机械能。机器包含着机构，机构是机器的主要组成部分。 （3）零件、部件与构件 （4）机器、机构、构件和零件的特征和区别	通过教材图0–3、图0–4，分析机构的组成 引导学生掌握机器与机构的区别和联系 通过教材表0–3对比讲解机器、机构、构件和零件的特征和区别	随堂练习：判断自行车与电动自行车是机器还是机构 对照教材图0–2~图0–5理解掌握
2. 机械零件的失效形式 机械零件的失效形式及对机械工作的影响见教材表0–4。	展示并举例讲解机械零件的失效形式	思考：生活中有哪些机械零件失效
3. 机械零件的基本要求 （1）机械零件要有正常的工作能力。 （2）机械零件要有良好的加工工艺性，加工工艺性能直接影响到零件制造工艺和质量。 （3）机械零件要有一定的承载能力。 （4）机械产品在规定的时间内要有必要的安全可靠性。	举例讲解车床主轴的加工要求，使学生对该知识点有大致了解，在后续	查阅强度、刚度、表面硬度、耐磨性、工艺性的概念

续表

<table>
<tr><th>教学内容</th><th>教师活动</th><th>学生活动</th></tr>
<tr><td>二、机械工程材料
工业领域所涉及的材料称为工程材料，主要有金属材料、非金属材料和复合材料等。在工程机械中，金属材料的应用最为广泛。
除金属材料外，工程中也大量使用了非金属材料和复合材料。
三、课程概述（难点）
1. 课程性质
2. 课程内容
3. 课程任务</td><td>第九章中再详细学习
对照教材表0–5，举例讲解常用金属材料的使用
引导学生利用数字资源学习材料学的相关知识
培养和提高学生发现问题、分析问题和解决问题的能力</td><td>分组观察钻头、车刀、工件实物，掌握金属材料的应用
完成相关学习任务</td></tr>
<tr><td colspan="3">【课堂小结】
1. 机械的组成：掌握机器的组成部分；重点掌握机器、机构、构件、零件的特征及区别；了解并掌握机械零件的失效形式和基本要求。
2. 机械工程材料：了解并掌握各种材料，利用数字资源学习金属材料和新材料的相关知识。
3. 课程概述：学好本课程的关键是结合生活和生产实践，学以致用，提高自己的学习兴趣和求知欲。</td></tr>
</table>

第一章
带传动和链传动

学时分配表

教学单元	教学内容	学时
带传动	§1-1　带传动的基本原理和特点	1
	§1-2　V 带传动	3
链传动	§1-3　链传动	2
合　　计		6

本章内容分析

1. 掌握带传动的组成、分类、工作原理及应用。
2. 能计算带传动的传动比。
3. 了解平带、V 带的结构及主要参数。
4. 了解 V 带的安装与维护方法。
5. 了解链传动的组成、类型、主要参数、标记及安装和维护要求。

§1-1　带传动的基本原理和特点

一、教学目标

1. 带传动的组成及工作原理。
2. 带传动的特点。
3. 带传动的分类。
4. 能综合运用带传动知识解决问题。
5. 能正确识别不同类型的带传动及应用特点。

二、教学重点

1. 带传动的组成及工作原理。
2. 带传动的应用特点及传动比计算。
3. 带传动的分类。

三、教学难点

1. 带传动的特点。
2. 带传动的传动比计算。

四、教学建议

1. 本节的主要任务是使学生了解和掌握带传动的相关知识，不断提高其对机械传动的认知能力。

2. 教学中可通过带传动在日常生活和生产实践中的常见实例（如汽车发动机带传动、缝纫机带传动等），逐步引入带传动的组成、工作原理和类型。平带传动和普通V带传动在实际应用中最为广泛，要重点讲解；汽车多楔带和汽车同步带传动可进行简单介绍；其他应用较少的带传动（如圆带传动等），可根据需要给予补充，以扩大应用知识面。

3. 课件和视频应尽可能做到对应各个知识点，直观呈现各知识点，提高课堂的趣味性。

五、教学实施方案

教学内容	教师活动	学生活动
【教学引入】 设问：同学们在什么地方见过带传动？带传动是怎样工作的？视频展示带传动的应用，如汽车发动机带传动、缝纫机带传动等。 **一、带传动的基本原理（重点）** 带传动的组成：主动带轮、从动带轮、挠性带。 带传动的基本原理是依靠带和带轮之间的摩擦力（或啮合力）来传递运动和动力。	引导学生分析带传动的应用实例，了解带传动的组成、类型和工作原理 根据教材图1–2讲解带传动的工作原理，明确松边、紧边和小带轮包角，并强调小带轮包角不能小于120°	分析各种带传动的组成、类型和工作原理 指出教材图1–2中的松边、紧边和小带轮包角

续表

教学内容	教师活动	学生活动
二、带传动的特点（难点） 1. 摩擦型带传动的特点 （1）优点：结构简单，传动平稳、噪声小，能缓冲、吸振；过载时带会在带轮上打滑，对其他零件起安全保护作用；适用于中心距较大的传动。 （2）缺点：不能保证准确的传动比，传动效率低（为 0.90 ~ 0.94），带的使用寿命短，不宜在高温、易燃以及有油和水的场合使用。	举例分析 CA6140 型车床的带传动 结合带传动的特点，重点讲解其优缺点	掌握摩擦型带传动的优缺点
2. 啮合型带传动的特点 传动比准确，传动平稳，传动精度高，结构较复杂。	啮合型带传动应用实例：数控车床、纺织机械等传动精度要求较高的场合	结合应用实例，掌握啮合型带传动的特点
三、带传动的传动比（难点） 带传动的传动比 i_{12} 即为两带轮的角速度（或速度）之比，也等于两带轮直径的反比，即： $i_{12}=\frac{n_1}{n_2}=\frac{d_2}{d_1}$	观看视频并结合教具，详细讲解带传动的传动比	
一般平带的传动比 $i \leqslant 5$，带速 v=5 ~ 25 m/s。 **四、常用带传动形式（重点）**	设计练习题，指导学生完成练习	独立完成随堂练习并检查计算结果
常用的带传动有三种形式，即平带传动、V 带传动和同步带传动，见教材表 1–1。	结合教材表 1–1，分析常用带传动的类型	对照教材表 1–1，分析并掌握
1. 平带传动 横截面为扁平矩形，工作时环形内表面与带轮外表面接触。平带传动的结构简单，挠曲性和扭转柔性好，因而可用于高速传动以及平行轴间的交叉传动或交错轴间的半交叉传动。	分析平带传动的横截面、结构特点	
（1）开口式：两轴平行，回转方向相同。 （2）交叉式：两轴平行，回转方向相反。 （3）半交叉式：两轴交错，不能逆转，交错角通常为 90°	注意区分（1）、（2）两种方式的旋转方向，（3）为两轴轴线空间交错为 90° 传动方式	掌握各平带传动方式的应用场合

续表

<table>
<tr><th>教学内容</th><th>教师活动</th><th>学生活动</th></tr>
<tr><td>2. V 带传动
V 带的横截面为等腰梯形，工作时带置于带轮槽之中，工作面是与轮槽相接触的两侧面，产生的摩擦力较大。在相同的条件下，V 带的传动能力为平带的 3 倍。
3. 同步带传动
同步带是工作面上带有齿的环状体，工作时靠环形内表面上等距分布的横向齿与带轮上的相应齿槽啮合来传递运动。同步带传动的传动比准确，传动平稳，传动精度高，结构较复杂，常用于扫描仪、打印机等传动精度要求较高的场合。</td><td>对比平带传动，分析 V 带的横截面、结构特点
视频展示柴油机、CA6140 型车床的 V 带传动
展示同步带的工作图片
视频展示同步带的应用实例</td><td>观看视频
分析同步带传动的结构及应用实例</td></tr>
<tr><td colspan="3">【课堂小结】
1. 帮助学生总结常见带传动的组成、工作原理、应用特点及分类，使学生进一步理解。
2. 对照习题册简要分析相关习题，培养学生学习的主动性和积极性。</td></tr>
</table>

§1-2 V带传动

一、教学目标

1. V带的结构、型号、基准长度和标记。
2. V带传动的主要参数、V带轮的典型结构。
3. 带传动的张紧装置、V带传动的安装和维护。
4. 系统掌握V带传动的相关知识，并能熟练应用。
5. 培养学生综合分析问题的能力。

二、教学重点

1. V带的结构、型号、基准长度和标记。
2. V带传动的主要参数。
3. 带传动的张紧装置、V带传动的安装和维护。

三、教学难点

V带传动的主要参数。

四、教学建议

1. 本节内容教多，学习难度大，建议教学过程中结合日常生活和生产实践中的应用实例，用视频直观展示。V带传动的主要参数是本节的难点，要逐条讲解以突破难点，帮助学生完全理解、掌握。

2. 课件和视频应尽可能做到对应各个知识点，直观呈现各知识点，提高课堂的趣味性。

五、教学实施方案

教学内容	教师活动	学生活动
【教学引入】 V带传动是应用最广的带传动。 **一、V带的结构、型号、基准长度和标记（重点）** 1. V带的结构 V带是无接头环形带，其楔角（V带两侧面	视频展示V带传动的应用	观看视频

续表

教学内容	教师活动	学生活动
之间的夹角）为 40°。V 带由包布、顶胶、抗拉体和底胶组成。其中，V 带外层的包布由橡胶帆布制成，主要起耐磨和保护作用。顶胶和底胶均由橡胶制成，以适应带弯曲时的变形。抗拉体承受基本拉力，有帘布芯结构和绳芯结构两种。帘布芯结构应用比较普遍，而绳芯结构的柔韧性和抗弯曲疲劳性较好，但抗拉强度低，适用于载荷不大、带轮直径较小以及转速较高的场合。	对照教材图 1–4，讲解 V 带的结构	同步学习
2. V 带的型号 国家标准将 V 带的型号规定为 Y、Z、A、B、C、D、E 七种，其横截面尺寸及承载能力依次增大。	结合教材表 1–2，讲解 V 带的型号	对比掌握不同型号的 V 带
3. V 带的基准长度 L_d 在规定的张紧力下，沿 V 带节面测得的周长称为基准长度。	讲解 V 带的基准长度	理解并掌握
4. V 带的标记 普通 V 带的标记由型号、基准长度和标准编号三部分组成。	讲解“A1430 GB/T 1171”表示 A 型普通 V 带，基准长度为 1 430 mm	结合例题掌握 V 带的标记
二、V 带传动的主要参数（难点） V 带传动的主要参数有：小带轮包角 α_1、传动比 i、带速 v、带轮基准直径 d_d、中心距 a、V 带的根数。	对照教材表 1–3 讲解 V 带传动的主要参数	结合教材表 1–3 理解并掌握各个参数
三、V 带轮的典型结构 V 带轮的典型结构有实心式、腹板式、孔板式、轮辐式四种。	对照教材图 1–7 并结合应用实例讲解 V 带轮的结构	理解并掌握
四、V 带传动的张紧装置（重点） V 带传动的张紧方法分为调整中心距和使用张紧轮两种，其各自又有定期张紧和自动张紧等不同形式。	对照教材表 1–5 并结合应用实例讲解 V 带传动的张紧装置	结合应用实例掌握
五、V 带传动的安装和维护（重点） 1. V 带必须正确地安装在轮槽之中。		

续表

教学内容	教师活动	学生活动
2. V带传动中两带轮的轴线要保持平行，且两轮相对应的V形槽的对称平面应重合。 3. 安装V带时，应先调小两V带轮中心距，避免硬撬而损坏V带或设备。 4. V带要避免与油类物质接触，以防带变质而影响使用寿命。 5. 若发现一组V带中有个别V带损坏，一般要成组更换，新旧V带不能混用。	举例讲解V带传动的安装和维护的五条要求	对照教材图1–8、图1–9、图1–10并结合实例理解、掌握V带传动的安装和维护的要求
【课堂小结】 1. 帮助学生总结V带的结构、型号、基准长度和标记，V带传动的主要参数，V带轮的典型结构，V带传动的张紧装置，V带传动的安装和维护。 2. 简要分析习题册中V带传动的相关练习，培养学生掌握总结知识点和复习巩固的方法。		

§1-3　链传动

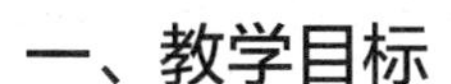

一、教学目标

1. 了解链传动的组成、类型、特点、应用及传动比。
2. 了解滚子链的结构及主要参数。
3. 掌握链传动的安装和维护方法。
4. 系统掌握链传动的相关知识，并能熟练应用。
5. 培养学生综合分析问题的能力。

二、教学重点

1. 链传动的组成、类型、特点及应用。
2. 滚子链的结构及主要参数。
3. 链传动的安装和维护方法。

三、教学难点

滚子链的结构及主要参数。

四、教学建议

1. 本节内容比较简单，建议教学过程中结合日常生活和生产实践中的应用实例，对比 V 带传动进行讲解，帮助学生学会对比分析，建立完整的知识体系。

2. 课件、视频等应尽可能做到对应各个知识点，可直观呈现各知识点并能提高课堂的趣味性。

五、教学实施方案

教学内容	教师活动	学生活动
【教学引入】 链传动是以链条作为中间挠性传动件，通过链节与链轮齿间的不断啮合和脱开来传递运动和动力的。 **一、链传动的特点和传动比（重点）** 1. 链传动的特点 链传动属于啮合传动，与带传动相比，链传动	视频展示教材图 1-12 所示链传动	观看视频，对比带传动学习链传动

续表

教学内容	教师活动	学生活动
具有准确的平均传动比，传动能力大，效率高，但工作时有冲击和噪声，因此，多用于传动平稳性要求不高、中心距较大的场合。	对比带传动分析链传动的特点	对比分析，理解并掌握
2. 链传动的传动比 在链传动中，主动链轮转速 n_1 与从动链轮转速 n_2 之比称为传动比，用符号 i_{12} 表示。 由于两链轮间的运动关系是一个齿对一个齿，所以链传动两轮的转速比与两轮的齿数成反比，即链传动的传动比为 $i_{12}=\frac{n_1}{n_2}=\frac{z_2}{z_1}$。 传动链的种类繁多，最常用的是滚子链和齿形链。	对照教材图 1–12，对比带传动的传动比计算讲解链传动的传动比	对比带传动的传动比计算理解并掌握
二、滚子链（难点） 1. 滚子链的结构 在机械传动中，常用的传动链是滚子链（也称套筒滚子链），其由内链板、外链板、销轴、套筒和滚子组成。	对照教材图 1–13 讲解滚子链的组成	
滚子链的内链板与套筒、外链板与销轴分别采用过盈配合固定，销轴与套筒、滚子与套筒之间分别为间隙配合。各链节可以自由屈伸，滚子与套筒能相对转动。滚子链与链轮啮合时，滚子与链轮轮齿相对滚动，从而减少了链轮齿的磨损。	对照教材图 1–13 讲解滚子链各构件之间的连接状态	掌握滚子链工作时各构件的连接状态
2. 滚子链的主要参数 （1）节距 链条的相邻两销轴中心线之间的距离称为节距，以符号 p 表示。节距是链的主要参数，链的节距越大，承载能力越强，但链传动的结构尺寸也会相应增大，传动的振动、冲击和噪声也越严重。	对照教材图 1–13 讲解节距	
因此，应用时应尽可能选用小节距的链，高速、大功率时，可选用小节距的双排链或多排链。	对照教材图 1–14 讲解双排链、多排链	理解并掌握

续表

教学内容	教师活动	学生活动
（2）节数 滚子链的长度用节数来表示。为了使链条的两端便于连接，链节数应尽量选取偶数，链接头处可用开口销或弹簧夹锁定。当链节数为奇数时，链接头需采用过渡链节。过渡链节不仅制造复杂，而且承载能力低，因此尽量不要采用。	对照教材图 1–15 讲解滚子链的节数，结合应用实例讲解滚子链接头形式	对照教材图 1–15 理解并掌握节数和滚子链接头形式
3. 滚子链的标记 滚子链是标准件，根据 GB/T 1243—2006 的规定，其标记形式为： 链号—排数	举例讲解滚子链的标记	对照例题掌握滚子链的标记
标记示例：08A—1 表示链号为 08A（节距为 12.70 mm）的单排滚子链。	布置随堂练习	完成随堂练习
三、链传动的安装和维护 1. 为保证链传动的正常工作，安装时两链轮的轴线应相互平行，且两链轮的对称面位于同一铅垂面内。	对比 V 带传动的安装和维护，讲解链传动的安装和维护	通过对比掌握链传动的安装和维护
2. 为了提高链传动的质量和使用寿命，应注意进行润滑。 3. 链传动可不施加预紧力，必要时可采用张紧装置。 4. 为了安全和防尘，链传动应加装防护罩。	结合实际应用举例：摩托车的链传动、流水线的链传动	理解应用实例，并树立安全意识
【课堂小结】 1. 帮助学生总结链传动的组成、类型、特点及应用，滚子链的结构及主要参数，链传动的安装和维护方法。 2. 简要分析习题册中链传动的相关练习，培养学生掌握总结知识点和复习巩固的方法。		

第二章

螺纹连接和螺旋传动

学时分配表

教学单元	教学内容	学时
螺纹连接和螺旋传动	§2-1　螺纹连接	4
	§2-2　螺旋传动	2
合　　计		6

本章内容分析

1. 螺纹的概念和主要参数，常用螺纹的种类、特点、应用和标记，螺纹连接的形式以及常用的防松方法。

2. 螺旋传动的种类及各种传动形式。

3. 普通螺旋传动的工作原理及移动距离的计算和方向的判定。

§2-1　螺纹连接

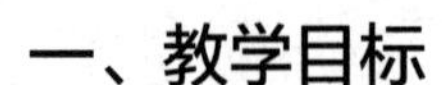

一、教学目标

1. 掌握螺纹的概念及其主要参数。

2. 了解常用螺纹的种类、特点和应用。

3. 掌握普通螺纹和管螺纹的标记。

4. 掌握螺纹连接的基本形式、螺纹连接零件、螺纹连接的防松。

5. 能正确识别各种类型的螺纹，并能识读螺纹标记。

二、教学重点

1. 螺纹的主要参数。
2. 常用螺纹的种类、特点和应用。
3. 普通螺纹和管螺纹的标记。

三、教学难点

1. 螺纹的主要参数。
2. 普通螺纹和管螺纹的标记。

四、教学建议

1. 本节内容比较抽象，建议用实物来演示螺纹连接，并用视频讲解。使学生在感性认知的基础上理解螺纹连接的应用实例，并掌握常用螺纹连接件的类型。

2. 对于螺纹标记，建议精讲多练，要强化概念、加强应用，使学生能熟练识读螺纹标记；对螺纹连接的类型和防松措施，要注重联系应用实例，引导学生不断提高综合分析及应用能力。

五、教学实施方案

教学内容	教师活动	学生活动
【教学引入】 一般机器都离不开螺栓、螺母等螺纹紧固件，它们依靠螺纹将各种零部件按一定的要求连接起来，这种依靠螺纹起作用的连接称为螺纹连接。	视频展示各种螺纹连接并讲解其含义	观看视频，掌握螺纹连接的含义
一、螺纹的概念及其主要参数 1. 螺纹的概念 （1）螺纹是指在圆柱表面或圆锥表面上，沿着螺旋线形成的、具有相同断面的连续凸起和沟槽。	视频展示螺纹形成的过程	观看视频，了解螺纹的形成
（2）在圆柱或圆锥外表面上所形成的螺纹称为外螺纹，而在圆柱或圆锥内表面上所形成的螺纹称为内螺纹。 按螺旋线旋绕方向的不同，螺纹分为顺时针旋入的右旋螺纹和逆时针旋入的左旋螺纹。	结合教材图 2-1、图 2-2 分析内、外螺纹的旋向	练习判定内、外螺纹的旋向

续表

教学内容	教师活动	学生活动
（3）形成螺纹的螺旋线的数目称为线数，以 n 表示。螺纹分为单线螺纹和多线螺纹。	结合教材图2–3分析单线螺纹和多线螺纹	了解单线螺纹和多线螺纹
2. 普通螺纹的主要参数（重点） 普通螺纹的主要参数有大径、小径、中径、螺距、导程、牙型角等。	对照教材表2–1，讲解普通螺纹的主要参数	理解并掌握
二、常用螺纹的种类、特点和应用 常用螺纹的种类主要有普通螺纹、管螺纹、梯形螺纹等。	结合教材表2–2，讲解螺纹的种类、特点和应用	理解并掌握
三、普通螺纹和管螺纹的标记（重点、难点） 1. 普通螺纹标记 普通螺纹的完整标记由特征代号、尺寸代号、公差带代号及其他有必要做进一步说明的信息（如旋合长度代号、旋向等）组成。各部分之间用“—”分开。	举例讲解“M16×Ph3P1.5”表示公称直径为16 mm、螺距为1.5 mm、导程为3 mm的双线螺纹	对照例题理解并掌握
普通螺纹的旋合长度有短旋合长度（S）、长旋合长度（L）和中等旋合长度（N）三种。短旋合长度和长旋合长度在公差带代号后分别标注“S”和“L”，并与公差带间用“—”分开。中等旋合长度“N”不标注。 连接螺纹多为右旋，因此右旋螺纹的旋向省略不标注；左旋螺纹需在尺寸代号之后加注LH，并用“—”隔开。	举例讲解“M24×1.5—LH”表示公称直径为24 mm、螺距为1.5 mm的左旋细牙普通螺纹（单线）	完成习题册相关练习
2. 管螺纹标记 （1）55°密封管螺纹标记 55°密封管螺纹的标记形式为特征代号、尺寸代号、旋向。	举例讲解：$R_1$1½、R_c1½、R_p1½LH	理解记忆
（2）55°非密封管螺纹标记 55°非密封管螺纹的标记形式为特征代号、尺寸代号、公差等级代号、旋向。	举例讲解：G1½、G1½A、G1½A–LH	对比理解并进行随堂巩固练习
四、螺纹连接的基本形式 螺纹连接在生产实践中应用很广，常见的螺	视频展示螺纹连接的基本形式，结	观看视频

续表

教学内容	教师活动	学生活动
纹连接有螺栓连接、双头螺柱连接、螺钉连接和紧定螺钉连接。	合教材表 2–3 讲解	
五、螺纹连接零件 螺纹连接零件大多已标准化，常用的有螺栓、双头螺柱、螺钉、螺母、垫圈和防松零件等。	对照教材图 2–4 讲解螺纹连接零件	理解并掌握
六、螺纹连接的防松 螺纹连接多采用单线普通螺纹，在承受静载荷和工作环境温度变化不大的情况下，靠内、外螺纹的螺旋面之间以及螺纹零件端面与支承面之间所产生的摩擦力防松，螺纹连接一般不会自动松脱；但当承受振动、冲击、交变载荷或温度变化很大时，连接就有可能松脱。为了保证连接安全可靠，尤其是重要场合下的螺纹连接，应用时必须考虑防松问题。 螺纹连接常用的防松方法有利用摩擦力防松、机械元件防松和破坏螺纹防松三种形式。	讲解螺纹防松的重要性和防松的方式 用课件展示螺纹连接的三种防松形式，对照教材表 2–4 引导学生分析	理解并掌握 完成随堂巩固练习
【课堂小结】 1. 帮助学生总结螺纹的主要参数，常用螺纹的种类、特点和应用，普通螺纹和管螺纹的标记。 2. 用视频展示螺纹连接的基本形式、螺纹连接零件及螺纹连接的防松。		

§2-2 螺旋传动

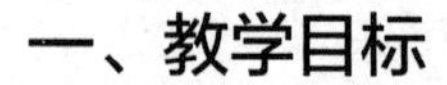

一、教学目标

1. 掌握普通螺旋传动的应用形式。
2. 掌握普通螺旋传动直线移动方向的判定和移动距离的计算。
3. 掌握差动螺旋传动活动螺母移动距离的计算及方向的确定。
4. 能正确识别不同类型的螺旋传动并判定移动方向。

二、教学重点

1. 普通螺旋传动直线移动方向的判定和移动距离的计算。
2. 差动螺旋传动活动螺母移动距离的计算及方向的确定。

三、教学难点

差动螺旋传动活动螺母移动距离的计算及方向的确定。

四、教学建议

1. 本节内容比较抽象，建议用实物来演示螺旋传动的工作过程，并结合视频讲解。使学生了解螺旋传动的工作过程，并掌握相关的移动方向的判定方法。

2. 对于差动螺旋传动的计算，建议精讲多练，要强化定性分析，淡化定量推导，注重解题思路的传授，使学生通过课堂练习掌握计算方法。

五、教学实施方案

教学内容	教师活动	学生活动
【教学引入】 螺旋传动是利用螺旋副将回转运动转变为直线运动，同时传递动力的一种机械传动，一般由螺杆、螺母和机架组成。	视频展示各种螺旋传动的应用实例	观看视频并了解螺旋传动
一、普通螺旋传动（重点） 普通螺旋传动是由螺杆和螺母组成的简单螺旋副。	讲解教材图2-5所示的螺旋副及其定义	理解并掌握

续表

教学内容	教师活动	学生活动
1. 普通螺旋传动的传动形式 普通螺旋传动的传动形式有四种。 2. 移动方向的判定 在普通螺旋传动中，螺杆或螺母的移动方向可用左、右手法则判断。具体方法如下：	对照教材表 2–5 讲解普通螺旋传动的四种传动形式	对比掌握
（1）左旋螺纹用左手判断，右旋螺纹用右手判断。 （2）弯曲四指，其指向与螺杆或螺母回转方向相同。 （3）拇指与螺杆轴线方向一致。 （4）若为单动，拇指的指向即为螺杆或螺母的运动方向；若为双动，与拇指指向相反的方向即为螺杆或螺母的运动方向。 3. 移动的距离	对照教材表 2–5 讲解判定螺杆或螺母移动方向的左、右手法则，并举例练习	理解并掌握螺杆或螺母移动方向的判断方法，并完成随堂练习
在普通螺旋传动中，螺杆（或螺母）的移动距离与螺纹的导程有关。螺杆相对螺母每回转一周，螺杆（或螺母）移动一个导程的距离。因此，螺杆（或螺母）移动距离等于回转周数与螺纹导程的乘积，即 $L=NP_h$。 **二、差动螺旋传动（难点）**	讲解螺纹移动距离的计算，并与学生共同完成习题册练习	结合螺纹的主要参数理解，并完成习题册相应练习
由两个螺旋副组成的使活动的螺母与螺杆产生差动（运动不一致）的螺旋传动称为差动螺旋传动，即将图 2–5 中的转动副也变为螺旋副，便可得到如图 2–6 所示的差动螺旋传动。图中螺杆分别与机架及活动螺母组成两个螺旋副，机架上为固定螺母，活动螺母不能回转而只能沿机架的导向槽移动。	对比普通螺旋传动，讲解差动螺旋传动 视频展示教材表 2–6 中的实例，讲解差动螺旋传动的传动形式、活动螺母移动距离的计算及移动方向的确定	对比普通螺旋传动理解并掌握 讨论并总结螺母移动距离的计算规律，并完成习题册相应练习
三、滚珠螺旋传动 滚珠螺旋传动主要由滚珠、螺杆、螺母及滚珠循环装置组成，其工作原理是在具有螺旋槽	对照教材图 2–7 讲解滚珠螺旋传动的组	理解并掌握

续表

教学内容	教师活动	学生活动
的螺杆与螺母之间，装有一定数量的滚珠（钢球），当螺杆与螺母相对转动时滚珠在螺纹滚道内滚动，并通过滚珠循环装置的通道构成封闭循环，从而实现螺杆、滚珠、螺母间的滚动摩擦。滚珠螺旋传动按滚珠循环方式不同，可分为内循环式和外循环式两种。	成及工作原理 对照教材图 2-8 讲解滚珠螺旋传动的分类	同步分析掌握
滚珠螺旋传动具有摩擦阻力小、传动效率高、工作平稳、传动精度高、动作灵敏等优点，但其不能自锁，而且结构复杂、外形尺寸较大、制造技术要求高，因此成本较高。	举例分析滚珠螺旋传动的特点	结合应用实例（数控机床的进给机构）理解掌握

【课堂小结】

1. 归纳总结螺旋传动的作用和类型，帮助学生对比普通螺旋传动和差动螺旋传动移动方向的判定方法。

2. 帮助学生总结不同类型螺旋传动移动距离的计算方法。

第三章
齿轮传动

学时分配表

教学单元	教学内容	学时
齿轮传动	§ 3–1　齿轮传动概述	1
	§ 3–2　标准直齿圆柱齿轮传动	3
	§ 3–3　其他类型齿轮传动	3
	§ 3–4　齿轮的结构、材料、润滑与失效	1
合　　计		8

本章内容分析

1. 了解齿轮传动的特点、类型和传动比。
2. 掌握渐开线直齿圆柱齿轮各部分的名称和基本参数。
3. 计算渐开线直齿圆柱齿轮的基本尺寸。
4. 掌握渐开线直齿圆柱齿轮的正确啮合条件。
5. 了解其他齿轮传动。
6. 了解齿轮的材料、结构、润滑及失效形式。

§ 3-1　齿轮传动概述

一、教学目标

1. 了解齿轮传动的特点和类型。
2. 了解渐开线齿廓。
3. 能正确识别各种类型的齿轮。

4. 培养学生认真、踏实的学习作风和精益求精的工作态度。
5. 引导学生整体把握知识体系并培养学生的职业兴趣。

二、教学重点

1. 齿轮传动的特点和类型。
2. 渐开线齿廓。

三、教学难点

渐开线齿廓。

四、教学建议

1. 本节课的内容比较简单，可以引导学生自主学习齿轮传动的特点、类型。

2. 对于齿轮传动对齿廓曲线的基本要求、渐开线的形成、渐开线齿廓的啮合特性等内容要帮助学生对比其与带传动、链传动之间的相互联系，引导学生利用数字资源进行自主学习，做到真正理解和掌握。

五、教学实施方案

教学内容	教师活动	学生活动
【教学引入】 利用齿轮传递运动的传动方式称为齿轮传动，齿轮传动用于传递任意位置两轴间的运动和动力。	视频展示图 3–1 中的各种齿轮传动	观看视频，了解齿轮传动
一、齿轮传动的特点（重点） 1. 齿轮传动的功率和速度范围很大，功率从很小到数十万千瓦，圆周速度从很小到每秒几百米。齿轮尺寸有小于 1 mm 的，也有 10 m 以上的。	对比带传动和链传动，讲解齿轮传动的特点	通过对比掌握
2. 齿轮传动属于啮合传动，齿轮齿廓为特定曲线，瞬时传动比恒定，且传动平稳，传递运动准确可靠。 3. 齿轮传动效率高，使用寿命长。 4. 齿轮种类繁多，可以满足各种传动形式的需要。 5. 齿轮的制造和安装精度要求较高。	视频展示车床主轴箱的齿轮传动，帮助学生理解	观看视频，理解并掌握

续表

教学内容	教师活动	学生活动
二、齿轮传动的分类（重点） 根据齿轮传动中两传动轴的相对位置不同，常用齿轮传动可分为两轴平行和两轴不平行两大类。	对照教材表 3–1 讲解齿轮传动的类型及其应用	小组讨论
三、渐开线齿廓（难点） 1. 齿轮传动对齿廓曲线的基本要求 一对啮合齿轮的传动，是靠主动轮齿廓上各点依次推动从动轮齿廓上各点来实现的。为了保证齿轮传动的平稳可靠，必须要求每对啮合齿廓在任何一点啮合时，都能保持两齿轮的传动比不变，即能保证恒定的瞬时传动比。	演示齿轮啮合时主动轮齿廓上各点依次推动从动轮齿廓上各点来实现连续传动的过程	观看视频
2. 渐开线的形成 在平面上，一条动直线 *AB* 沿着某一固定的圆 *O* 做纯滚动时，此动直线 *AB* 上任一点 *K* 的运动轨迹 *CD* 称为该圆的渐开线。该圆称为基圆，其半径以 r_b 表示。直线 *AB* 称为渐开线的发生线。我国应用的绝大多数齿轮都采用渐开线齿廓。	演示教材图 3–2 所示动直线 *AB* 沿着固定的圆 *O* 做纯滚动时，此动直线 *AB* 上任一点 *K* 的运动轨迹形成渐开线的过程	理解并掌握渐开线形成的过程
3. 渐开线齿廓的啮合特性 渐开线齿轮的可用齿廓就是由同一基圆的两段反向（对称）渐开线组成的。采用渐开线齿廓不但传动平稳，而且即使中心距稍有变动，也不会改变瞬时传动比，仍能保持平稳。这是渐开线齿廓的啮合特性。	讲解渐开线齿轮齿廓是由同一基圆的两段反向（对称）渐开线组成的	讨论交流，理解并掌握
【课堂小结】 1. 引导学生总结齿轮传动的特点和分类，注意对比带传动和链传动。 2. 帮助学生总结渐开线的形成及渐开线齿廓的啮合特性。		

§3-2 标准直齿圆柱齿轮传动

一、教学目标

1. 了解直齿圆柱齿轮各部分名称和定义。
2. 掌握直齿圆柱齿轮的主要参数。
3. 掌握标准直齿圆柱齿轮各部分几何尺寸计算。
4. 了解标准直齿圆柱齿轮的啮合条件和传动比。
5. 能正确识别齿轮各部分名称并计算其主要参数。

二、教学重点

1. 直齿圆柱齿轮的主要参数。
2. 标准直齿圆柱齿轮各部分几何尺寸计算。

三、教学难点

1. 直齿圆柱齿轮的主要参数。
2. 标准直齿圆柱齿轮各部分几何尺寸计算。

四、教学建议

1. 本节课的内容多，难度大，要注意从直齿圆柱齿轮各部分名称和定义为切入点，引导学生逐步克服难点。在计算环节，教师要帮助学生掌握基本公式，学会前后联系记忆推导公式。

2. 利用视频展示齿轮啮合时的状态，帮助学生理解、掌握标准直齿圆柱齿轮的啮合条件和传动比。

五、教学实施方案

教学内容	教师活动	学生活动
【教学引入】 直齿圆柱齿轮传动是齿轮传动的最基本形式，它在机械传动装置中的应用非常广泛。	视频展示教材图3-3直齿圆柱齿轮传动及其应用	观看视频

续表

教学内容	教师活动	学生活动
一、直齿圆柱齿轮各部分名称和定义（重点） 直齿圆柱齿轮各部分名称和定义见表 3–2。	对照教材表 3–2，讲解直齿圆柱齿轮各部分名称和定义（齿轮各部名称是尺寸计算的基础，必须牢固掌握）	在练习本上绘制齿轮草图并标注名称
二、直齿圆柱齿轮的主要参数（重点） 1. 齿数 z：一个齿轮的轮齿总数称为齿数。直齿圆柱齿轮的最少齿数 $z_{min} \geqslant 17$，一般情况应大于 20。	讲解齿轮主要参数	理解并掌握
2. 压力角 α：在齿轮传动中，齿廓上某点所受正压力的方向（齿廓上该点的法向）与速度方向线之间所夹的锐角称为压力角。如图 3–5 所示，K 点的压力角为 α_k。国家标准规定标准渐开线圆柱齿轮分度圆上的压力角 $\alpha=20°$。 3. 模数 m：齿距 p 除以圆周率 π 所得的商称为模数，模数的单位为 mm。模数已标准化。	对照教材图 3–5，讲解压力角的定义及其对轮齿形状的影响 讲解模数、齿顶高系数的定义	对照教材理解并掌握
4. 齿顶高系数 h_a^*：齿顶高与模数之比称为齿顶高系数，用 h_a^* 表示，即 $h_a=h_a^*m$，标准直齿圆柱齿轮的齿顶高系数 $h_a^*=1$。 5. 顶隙系数 c^*：一个齿轮的齿顶与另一个齿轮的齿槽之间的径向间隙，称为顶隙 c。顶隙与模数之比称为顶隙系数，用 c^* 表示，即 $c=c^*m$，标准直齿圆柱齿轮的顶隙系数 $c^*=0.25$。 **三、标准直齿圆柱齿轮各部分几何尺寸计算（重点、难点）**	演示齿轮啮合时的顶隙，讲解顶隙系数的定义	理解并掌握
齿距 $p=\pi m$ 分度圆直径 $d=mz$ 齿厚、齿槽宽 $s=e=p/2=\pi m/2$ 中心距 $a=\frac{(d_1+d_2)}{2}=m\frac{(z_1+z_2)}{2}$	对照齿轮各部分名称，讲解齿距、分度圆直径、齿高、中心距的计算公式和推导关系	书写齿轮各部分几何尺寸的计算公式，并掌握其推导关系

续表

教学内容	教师活动	学生活动
齿高 $h=h_a+h_f=2.25m$ **四、标准直齿圆柱齿轮的啮合条件和传动比** 一对标准直齿圆柱齿轮的正确啮合条件是要求它们的模数、压力角分别相等，即 $m_1=m_2$、$\alpha_1=\alpha_2$。 在一对齿轮传动中，主动轮转速 n_1 与从动轮转速 n_2 之比称为传动比，用符号 i_{12} 表示，$i_{12}=\dfrac{n_1}{n_2}=\dfrac{z_2}{z_1}$。	演示直齿圆柱齿轮的啮合，讲解其啮合条件 讲解传动比的概念及计算公式 布置随堂练习	观看视频，理解并掌握 书写公式 完成随堂练习

【课堂小结】

1. 帮助学生在归纳总结直齿圆柱齿轮各部分名称和定义的基础上，进一步梳理标准直齿圆柱齿轮各部分几何尺寸的关系及计算公式。

2. 总结标准直齿圆柱齿轮的啮合条件和传动比。

§3-3　其他类型齿轮传动

一、教学目标

1. 了解斜齿圆柱齿轮、直齿锥齿轮、蜗轮蜗杆传动的定义和主要参数。
2. 将斜齿圆柱齿轮、直齿锥齿轮、蜗轮蜗杆传动的特点和正确啮合条件进行对比。
3. 掌握蜗轮蜗杆传动蜗轮回转方向的判定。
4. 能正确识别齿轮传动的类型。

二、教学重点

1. 斜齿圆柱齿轮、直齿锥齿轮、蜗轮蜗杆传动的特点和正确啮合条件。
2. 蜗轮蜗杆传动蜗轮回转方向的判定。

三、教学难点

蜗轮蜗杆传动蜗轮回转方向的判定。

四、教学建议

1. 本节课的内容多，难度大，要注意对比三种齿轮传动的主要参数、传动特点、正确啮合的条件，通过课堂练习帮助学生克服难点。

2. 利用课件和视频直观展示各种齿轮传动的应用实例，帮助学生理解、掌握。

五、教学实施方案

教学内容	教师活动	学生活动
【教学引入】 常用的齿轮传动除直齿圆柱齿轮传动外，还有斜齿圆柱齿轮传动、直齿锥齿轮传动和蜗轮蜗杆传动。	视频展示其他类型的齿轮传动及其应用	观看视频，讨论交流
一、斜齿圆柱齿轮传动（重点） 齿线为螺旋线的圆柱齿轮称为斜齿圆柱齿轮，简称斜齿轮。 斜齿圆柱齿轮传动的相关参数、特点及啮合条件见表 3–5。	对照教材图 3–7 和表 3–5，讲解斜齿圆柱齿轮的定义、螺旋角、旋向、传动特点、啮合条件	对比标准直齿圆柱齿轮，理解并掌握斜齿圆柱齿轮的定义、传动特

续表

教学内容	教师活动	学生活动
		点及知识拓展内容
二、直齿锥齿轮传动（重点） 分度曲面为圆锥面的齿轮称为锥齿轮，它是轮齿分布在圆锥面上的齿轮，当其齿线是分度圆锥面的直母线时，称为直齿锥齿轮。 锥齿轮传动用于空间两相交轴之间的传动，一般多用于两轴垂直相交成 90° 的场合。 直齿锥齿轮的正确啮合条件是两齿轮大端的模数和压力角分别相等，即 $m_1=m_2$、$\alpha_1=\alpha_2$。	对照教材图 3–9，讲解直齿锥齿轮的定义、参数、应用场合、正确啮合条件	对比标准直齿圆柱齿轮、斜齿圆柱齿轮，理解掌握
三、蜗轮蜗杆传动（重点、难点） 由蜗杆及其配对蜗轮组成的交错轴间的传动称为蜗轮蜗杆传动。蜗轮蜗杆传动是用来传递空间交错轴之间的运动和动力的，通常两轴空间垂直交错成 90°。蜗杆外形像螺杆，它相当于一个齿数很少、分度圆直径较小的螺旋齿圆柱齿轮，而蜗轮类似于斜齿圆柱齿轮。蜗轮蜗杆传动一般以蜗杆为主动件，蜗轮为从动件。 蜗轮蜗杆传动中，通过蜗杆轴线且垂直于蜗轮轴线的平面称为中平面，在蜗轮蜗杆传动的中平面上的参数取标准值。	对照教材图 3–10、图 3–11，讲解蜗轮蜗杆传动及其应用实例，明确蜗轮蜗杆传动中的主动件、从动件及中平面的参数取标准值	对照课件和视频，理解并掌握 小组讨论蜗轮蜗杆传动与斜齿圆柱齿轮传动的联系
蜗轮蜗杆传动的相关参数、特点及啮合条件见表 3–6。	对照教材表 3–6，讲解蜗轮蜗杆传动的相关参数、特点及啮合条件	理解并掌握
蜗轮蜗杆传动中，蜗杆和蜗轮的旋向是一致的，蜗轮的回转方向与两者间的相对位置以及蜗杆的旋向和回转方向有关，蜗轮回转方向的判定见表 3–7。 判断蜗杆或蜗轮旋向的右手法则：手心对着自已，四个手指顺着蜗杆或蜗轮轴线方向摆正，若齿向与右手拇指指向一致，则该蜗杆或蜗轮为右旋，反之则为左旋。	对照教材表 3–7，讲解蜗轮回转方向的判定	理解并掌握

续表

<table>
<tr><th>教学内容</th><th>教师活动</th><th>学生活动</th></tr>
<tr><td>判断蜗轮回转方向的左、右手法则：左旋蜗杆用左手，右旋蜗杆用右手，用四指弯曲表示蜗杆的回转方向，拇指所指方向的反方向就是蜗轮啮合点的圆周速度方向。根据啮合点的圆周速度方向即可确定蜗轮的回转方向。</td><td>布置随堂练习，并指导学生完成</td><td>小组讨论，理解蜗轮回转方向的判定方法，完成随堂练习</td></tr>
<tr><td colspan="3">【课堂小结】
1. 对比斜齿圆柱齿轮、直齿锥齿轮和蜗轮蜗杆传动的定义、主要参数、传动特点及正确啮合条件。
2. 总结蜗轮蜗杆传动中判断蜗轮回转方向的方法。</td></tr>
</table>

§3-4 齿轮的结构、材料、润滑与失效

一、教学目标

1. 了解齿轮的结构。
2. 掌握齿轮常用材料及热处理、齿轮传动的润滑。
3. 掌握齿轮传动的失效形式。
4. 能正确识别不同用途齿轮的材料及齿轮传动的失效形式。

二、教学重点

1. 齿轮常用材料及热处理、齿轮传动的润滑。
2. 齿轮传动的失效形式。

三、教学难点

齿轮传动的失效形式。

四、教学建议

1. 本节的内容比较简单，要注意联系应用实例讲解齿轮的结构、常用材料及热处理、齿轮传动的润滑、齿轮传动的失效形式，通过课堂练习帮助学生克服难点。

2. 利用课件和视频直观展示齿轮传动的各种失效形式，帮助学生理解、掌握。

五、教学实施方案

教学内容	教师活动	学生活动
一、齿轮的结构 齿轮的常用结构形式有齿轮轴、实体式齿轮、腹板式齿轮、轮辐式齿轮等。	对照教材图3–14、图3–15、图3–16、图3–17讲解齿轮的结构并举例	对照教材图及应用实例掌握齿轮的结构
二、齿轮常用材料及热处理（重点） 对齿轮材料的基本要求是：应使齿面具有足够的硬度和耐磨性，齿心具有足够的韧性以防止轮齿的失效，同时应具有良好的冷、热加工的工艺性，以达到齿轮的各种技术要求。	结合应用实例，讲解齿轮材料的基本要求	结合应用实例理解并掌握

续表

教学内容	教师活动	学生活动
常用的齿轮材料有优质碳素结构钢、合金结构钢、铸钢、铸铁和非金属材料等，一般多采用锻件或轧制钢材。当齿轮结构尺寸较大，轮坯不易锻造时可采用铸钢。无防尘罩或机壳的低速传动齿轮可采用灰铸铁或球墨铸铁。低速重载的齿轮易产生齿面塑性变形，轮齿也易折断，宜选用综合性能较好的钢材。高速齿轮易产生齿面点蚀，宜选用齿面硬度高的材料。受冲击载荷的齿轮宜选用韧性好的材料。对高速、轻载而又要求低噪声的齿轮传动，也可采用非金属材料，如夹布胶木、尼龙等。	讲解常用的齿轮材料有优质碳素结构钢、合金结构钢、铸钢、铸铁和非金属材料等，并分别举例	对照应用实例理解并掌握
钢制齿轮的热处理方法主要有表面淬火、渗碳淬火、渗氮、调质、正火等。	举例讲解钢制齿轮的热处理方法	结合应用实例分组讨论
三、齿轮传动的润滑（重点）		
齿轮传动中，由于啮合面的相对滑动，使齿面间产生摩擦和磨损，在高速重载时尤为突出。良好的润滑能起到冷却、防锈、降低噪声、改善齿轮工作状况的作用，从而提高传动效率，延缓轮齿失效，延长齿轮的使用寿命。	结合应用实例，讲解齿轮传动润滑的目的	理解并掌握
开式齿轮传动（传动齿轮没有防尘罩或机壳，齿轮完全暴露在外面）通常采用人工定期润滑，可采用油润滑或脂润滑。 一般闭式齿轮传动（传动齿轮装在经过精确加工而且封闭严密的箱体内）的润滑方式主要有油池润滑和喷油润滑。	结合应用实例，讲解开式齿轮、闭式齿轮传动的润滑方式	对照教材及实例理解并掌握 对照教材图3–18理解并掌握
四、齿轮传动的失效（重点、难点）		
齿轮传动过程中，若轮齿发生折断、齿面损坏等现象，则齿轮会失去正常的工作能力，称为失效。常见的齿轮失效形式有齿面点蚀、齿面磨损、齿面胶合、齿面塑性变形和轮齿折断等，见表3–8。	讲解齿轮传动失效的定义及常见的齿轮失效形式、产生原因、预防措施	对照教材表3–8了解常见的齿轮失效形式、产生原因、预防措施并分组讨论

续表

教学内容	教师活动	学生活动
【课堂小结】 1. 帮助学生归纳总结齿轮的结构、齿轮常用材料及热处理、齿轮传动的润滑。 2. 结合实例掌握齿轮传动的失效形式、产生原因、预防措施。		

第四章
轮系

学时分配表

教学单元	教学内容	学时
轮系	§ 4–1　轮系的种类及其功用	1
	§ 4–2　定轴轮系	2
合　　计		3

本章内容分析

1. 了解轮系的种类和功用。
2. 能计算简单轮系的传动比。

§ 4–1　轮系的种类及其功用

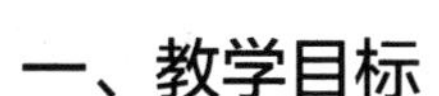

一、教学目标

1. 掌握轮系的种类。
2. 掌握轮系的功用。
3. 能正确识别各种类型的轮系。

二、教学重点

1. 轮系的种类。
2. 轮系的功用。

三、教学难点

轮系的功用。

四、教学建议

1. 本节内容比较抽象，建议利用视频演示不同类型的轮系。

2. 建议结合教材例图和视频讲解轮系的功用，使轮系的每种作用都能有对应的应用实例，帮助学生理解、掌握，从而突破教学难点。

五、教学实施方案

教学内容	教师活动	学生活动
【教学引入】		
在实际使用的机械设备中，依靠一对齿轮传动往往是不够的，它无法满足机械设备获得较大传动比、换向或多级传动的要求。因此，往往采用一系列相互啮合的齿轮将主动轴和从动轴连接起来进行传动。这种由一系列相互啮合的齿轮组成的传动装置称为轮系。	视频展示轮系在换向、多级传动等场合的应用	观看视频，初步了解轮系的应用
一、轮系的种类（重点） 根据轮系在运转时各齿轮的轴线是否固定，轮系可分为定轴轮系和周转轮系两种基本形式。	视频展示车床主轴箱的轮系	观察车床主轴箱的轮系，思考其是如何实现变速、换向功能的
1. 定轴轮系 传动时，轮系中各轮的轴线在空间的位置都固定不动的轮系称为定轴轮系。按各轴的轴线是否平行，定轴轮系可分为平面定轴轮系和空间定轴轮系。	对照教材表 4–1，分析定轴轮系的类型及其结构特点	理解并掌握
2. 周转轮系 轮系运转时，至少有一个齿轮的几何轴线的位置是不固定的，并且绕另一个齿轮的固定轴线转动，这种轮系称为周转轮系。周转轮系分为行星轮系与差动轮系两种。有一个中心轮的	对照教材图 4–1，讲解周转轮系	对比定轴轮系并掌握

续表

<table>
<tr><th>教学内容</th><th>教师活动</th><th>学生活动</th></tr>
<tr><td>转速为零的周转轮系称为行星轮系，中心轮的转速都不为零的周转轮系称为差动轮系。</td><td></td><td></td></tr>
<tr><td>二、轮系的功用（难点）
1. 连接相距较远的两传动轴
当两轴相距较远时，在保持传动比不变的条件下，可用由一系列小齿轮组成的轮系来连接两轴。</td><td>视频展示并分析教材图 4–2</td><td>对照例图，理解并掌握</td></tr>
<tr><td>2. 获得很大的传动比
当两轴之间传动比很大时，可采用一系列的齿轮将主动轴和从动轴连接起来。</td><td>对照教材图 4–3，分析用轮系改变传动比大小的原理</td><td>对照例图，理解并掌握</td></tr>
<tr><td>3. 改变从动轴的转速
在定轴轮系中，当主动轴转速一定而从动轴需要几种不同的转速时，通常采用变换两轴间啮合齿轮副的方法来解决。</td><td>对照教材图 4–4，分析用轮系改变从动轴转速的工作原理</td><td>分析并掌握</td></tr>
<tr><td>4. 改变从动轴的转向
两个外啮合圆柱齿轮的转向相反，因此，在定轴轮系中主动轴的转向一定时，每增加一对外啮合圆柱齿轮传动，从动轴的转向就改变一次。</td><td>对照教材图 4–5、图 4–7 分析用轮系改变从动轴转向的工作原理</td><td>对照例图，理解并掌握</td></tr>
<tr><td>5. 可合成或分解运动
周转轮系是含有轴线做圆周运动的齿轮的轮系。采用周转轮系可以将两个独立的回转运动合成为一个回转运动，也可以将一个回转运动分解为两个独立的回转运动。</td><td>对照教材图 4–6 分析用周转轮系实现合成或分解运动的工作原理</td><td>对照例图理解汽车后轮传动装置的工作原理</td></tr>
<tr><td colspan="3">【课堂小结】
1. 帮助学生总结轮系的种类，定轴轮系和周转轮系的概念、结构特点。
2. 结合实例总结轮系的功用主要有连接相距较远的两传动轴、获得很大的传动比、改变从动轴的转速、改变从动轴的转向、可合成或分解运动。</td></tr>
</table>

§4-2 定轴轮系

一、教学目标

1. 掌握定轴轮系中各齿轮转向的判定。
2. 掌握定轴轮系传动比及 n_k 的计算。
3. 能正确判定定轴轮系中各齿轮转向。

二、教学重点

1. 定轴轮系中各齿轮转向的判定。
2. 定轴轮系传动比及 n_k 的计算。

三、教学难点

定轴轮系传动比及 n_k 的计算。

四、教学建议

1. 本节内容难度大，建议在教学过程中利用视频直观演示不同定轴轮系中的各齿轮回转方向的判定，详细分析传动路线，引导学生分析判定，在掌握好基础知识和基本公式的基础上突破定轴轮系传动比及 n_k 的计算。

2. 通过练习讲解传动比及 n_k 的计算，帮助学生完全掌握。

五、教学实施方案

教学内容	教师活动	学生活动
【教学引入】 在定轴轮系传动的分析过程中，不仅要计算轮系传动比的大小，还要判定其中各轴的旋转方向。	提出问题：车床主轴如何获得不同的转速和转向？	思考问题
一、定轴轮系中各齿轮转向的判定（重点） 一对齿轮传动，当首轮（或末轮）的转向为已知时，其末轮（或首轮）的转向也就确定了，齿轮转向可利用直箭头示意法判定。	对照教材表 4-2 讲解相啮合齿轮旋转方向的直箭头示意法，并讲解例题	观察教材表 4-2 中相啮合齿轮旋转方向的直箭头，结合例

续表

教学内容	教师活动	学生活动
		题掌握
直箭头示意法是指用直箭头表示齿轮可见侧中点处的圆周运动方向。由于相啮合的一对齿轮在啮合点处的圆周运动方向相同，所以表示它们转动方向的直箭头总是同时指向或同时背离其啮合点。	完成习题册相应练习	完成练习，巩固判断方法
对于平面定轴轮系来说，其首、末两轮之间的转向关系还可以用传动中圆柱齿轮副的外啮合次数来判定：若为奇数次，则首、末两轮的转向相反；若为偶数次，则首、末两轮的转向相同。	以车床主轴箱轮系中外啮合次数为例，讲解首、末两轮之间的转向关系	理解并掌握
二、定轴轮系传动比的计算（重点、难点）		
定轴轮系的传动比是指其首端主动轮转速 n_1 与末端从动轮转速 n_k 之比，记作 i_{1k}，其表达式为 $i_{1k}=\frac{n_1}{n_k}$。	对照教材图 4–9，分析定轴轮系的传动比计算公式	理解并掌握
定轴轮系的传动比等于轮系中各级齿轮的传动比之积，其数值为轮系中从动轮齿数的连乘积与主动轮齿数的连乘积之比。同时可看出，轮系传动比的大小与其中惰轮的齿数无关。 由 k 个齿轮组成的定轴轮系的传动比 i_{1k} 为： $$i_{1k}=\frac{n_1}{n_k}=\frac{\text{所有从动轮齿数连乘积}}{\text{所有主动轮齿数连乘积}}$$	通过分析得出定轴轮系传动比计算公式，帮助学生理解	对照例图理解并掌握
若已知定轴轮系中首端主动轮转速 n_1 和各轮齿数，则第 k 个齿轮的转速 n_k 为： $$n_k=n_1\times\frac{\text{所有主动轮齿数连乘积}}{\text{所有从动轮齿数连乘积}}=\frac{n_1}{i_{1k}}$$	讲解第 k 个齿轮的转速 n_k 的计算公式	理解并掌握
在定轴轮系中，一般首端主动轴转速为定值，而末端从动轴所能获得的转速级数等于轮系中各轴间的传动比数量的连乘积。	讲解教材例题 4–1，并布置习题册相关练习，进一步帮助学生理解并掌握计算公式，通过练习突破难点	对照例题，掌握计算方法，并完成随堂练习

续表

教学内容	教师活动	学生活动
【课堂小结】 1. 帮助学生归纳总结定轴轮系中各齿轮转向的判定。 2. 结合实例讲解定轴轮系传动比及 n_k 的计算公式。		

第五章
常用机构

学时分配表

教学单元	教学内容	学时
常用机构	§5-1　平面连杆机构	4
	§5-2　凸轮机构	2
	§5-3　间歇运动机构	2
合　　计		8

本章内容分析

1. 铰链四杆机构的概念及其各基本形式的组成、运动特性和应用。
2. 凸轮机构的组成、分类及其从动件常用运动规律。
3. 棘轮机构和槽轮机构的组成、分类、特点和应用。

§5-1　平面连杆机构

一、教学目标

1. 掌握铰链四杆机构的概念及其各基本形式的组成。
2. 掌握曲柄摇杆机构的运动特性和应用。
3. 掌握曲柄滑块机构及其演化形式。
4. 能正确判断铰链四杆机构的基本形式。

二、教学重点

1. 掌握铰链四杆机构的概念及其各基本形式的组成。
2. 掌握曲柄摇杆机构的运动特性和应用。

三、教学难点

1. 掌握曲柄摇杆机构的运动特性和应用。

2. 曲柄滑块机构及其演化形式。

四、教学建议

1. 本节内容比较抽象，学习难度大，建议在实际上课过程中结合视频直观演示不同类型的铰链四杆机构及其演化形式，使学生理解不同类型的铰链四杆机构。

2. 利用教材例图和视频演示曲柄摇杆机构的运动特性，分析其原理和应用，帮助学生理解并掌握，从而突破教学难点。

五、教学实施方案

教学内容	教师活动	学生活动
【教学引入】 平面连杆机构在机械传动中应用极广，除了它的基本形式外，还有很多演化形式。	视频展示教材图5–1、图5–2所示缝纫机、内燃机的应用实例	观看视频，初步了解平面连杆机构
一、铰链四杆机构的组成（重点） 铰链四杆机构是由四个杆件通过转动副连接而成的传动机构，由连架杆、连杆、机架组成。固定不动的构件称为机架，与机架直接相连的构件称为连架杆，与机架不直接相连的构件称为连杆。在连架杆中，能做整周转动的称为曲柄，不能做整周转动的称为摇杆。	对照教材图5–3讲解铰链四杆机构的基本概念和组成	理解并掌握
二、铰链四杆机构的基本形式（重点、难点） 铰链四杆机构分为曲柄摇杆机构、双曲柄机构和双摇杆机构三种基本形式。 1. 曲柄摇杆机构 在铰链四杆机构的两连架杆中，若一个为曲柄，而另一个为摇杆，则称为曲柄摇杆机构。 （1）曲柄摇杆机构应用实例 （2）曲柄摇杆机构运动特性分析	动画演示曲柄摇杆机构及其应用实例，明确曲柄摇杆机构是铰链四杆机构最基本的形式，其他形式的铰链四杆机构都可由曲柄摇杆机构转化而得到	观看动画演示，对比不同类型的铰链四杆机构，并明确各种类型铰链四杆机构的演化过程

续表

教学内容	教师活动	学生活动
1）急回特性 在一些机械中，常利用摇杆的急回特性来缩短空回行程所用的时间，以提高工作效率。	分析急回特性：曲柄的转角不同，而摇杆的摆动角度相同	理解急回特性产生的原因
2）止点位置 摇杆经连杆施加给曲柄的力 F_1 或 F_2 必然通过铰链中心 A，曲柄不能获得转矩，机构所处的这种位置称为止点位置，也称死点位置。机构处于止点位置时，可能出现机构趋于静止不动或运动不确定的现象。	讲解急回特性时，曲柄为主动件；止点位置时，摇杆为主动件，举例说明止点位置的应用并动画演示	小组讨论 对照教材图5-6、图5-7理解并掌握
2. 双曲柄机构 在铰链四杆机构中，若两个连架杆均为曲柄，则称为双曲柄机构。常见的双曲柄机构形式有不等长双曲柄机构、平行双曲柄机构和反向双曲柄机构三种类型。	展示不同类型的双曲柄机构及其应用实例	对照教材图5-8理解并掌握
3. 双摇杆机构 铰链四杆机构中，两个连架杆均为摇杆的机构称为双摇杆机构。	展示双摇杆机构及其应用实例	对照教材表5-3分析并掌握
三、曲柄滑块机构及其演化形式 曲柄滑块机构是将曲柄摇杆机构中的摇杆转化为滑块而得到的一种演化形式。	视频演示曲柄滑块机构的演化原理	对照教材图5-11理解并掌握
1. 曲柄滑块机构应用实例 曲柄滑块机构应用实例见表5-4。 2. 曲柄滑块机构的演化形式 曲柄滑块机构的演化形式很多，其实例见表5-5。	对照教材表5-4、表5-5分别讲解曲柄滑块机构的应用实例和演化形式	理解并掌握

【课堂小结】

1. 紧密联系应用实例归纳总结铰链四杆机构的三种基本类型及其运动特性、曲柄滑块机构的演化等知识。

2. 建议利用教材例图和视频演示曲柄摇杆机构的运动，分析其运动特性和原理，并讲解其应用实例帮助学生理解并掌握，从而突破教学难点。

§5-2　凸轮机构

一、教学目标

1. 掌握凸轮机构的组成、特点。
2. 掌握凸轮机构的分类和应用。
3. 掌握从动件常用的运动规律。
4. 能正确判断凸轮机构的类型。
5. 培养学生的综合分析和运用能力。

二、教学重点

1. 凸轮机构的组成、特点。
2. 凸轮机构的分类和应用。
3. 从动件常用的运动规律。

三、教学难点

从动件常用的运动规律。

四、教学建议

1. 本节内容比较抽象、学习难度大。建议在实际上课过程中利用视频演示不同类型的凸轮机构及从动件，使学生理解不同类型的凸轮机构。

2. 建议利用教材例图和视频演示从动件常用的运动规律，分析其运动特点，并讲解应用实例，帮助学生理解、掌握。

五、教学实施方案

教学内容	教师活动	学生活动
【教学引入】 凸轮是具有控制从动件运动规律的曲线轮廓的构件，含有凸轮的机构称为凸轮机构。在自动化机械中，要使机构按较复杂的预定规律完成某一工作循环，通常采用凸轮机构。	视频展示凸轮机构的组成、特点	观看视频

续表

教学内容	教师活动	学生活动
一、凸轮机构的组成和特点（重点） 1. 凸轮机构的组成 凸轮机构主要由凸轮、从动件和固定机架三个构件组成。从动件靠重力或弹簧力与凸轮紧密接触，凸轮转动时，从动件做往复移动或摆动。 2. 凸轮机构的特点 凸轮机构的基本特点是能使从动件获得较复杂且准确的预期运动规律，但凸轮轮廓与从动件的接触面积小，所以接触处压强大，易磨损，因而不能承受很大的载荷。另外，凸轮是一个具有特定曲线轮廓的构件，轮廓精度要求高时需用数控机床进行加工。	对照教材图5–13讲解凸轮机构的组成	理解并掌握
二、凸轮机构的分类和应用（重点） 1. 凸轮机构的分类 凸轮机构的种类很多，通常按凸轮和从动件的端部结构分类。按凸轮分类有盘形凸轮机构、移动凸轮机构和圆柱凸轮机构；按从动件的端部结构分类，有尖底从动件凸轮机构、滚子从动件凸轮机构和平底从动件凸轮机构。另外，按从动件的运动形式分类，有移动从动件凸轮机构和摆动从动件凸轮机构。	视频展示凸轮的种类	观看视频并分组讨论
2. 凸轮机构应用实例 （1）图5–14所示为靠模车削机构。 （2）图5–15所示为自动车床的走刀机构。	用实例引导学生分析凸轮机构的运动	根据实例理解并掌握凸轮的应用
三、从动件常用的运动规律（难点） 凸轮的轮廓形状取决于从动件的运动规律。 图5–16所示为一尖底从动件盘形凸轮机构，从动件的工作行程为 h，其工作循环为升—停—降—停。凸轮上，以其回转中心为圆心，以最小向径 r_0 为半径所作的圆称为基圆。	视频展示教材图5–16中从动件的工作循环：升—停—降—停	对照视频理解

续表

教学内容	教师活动	学生活动
1. 等速运动规律 等速运动规律是指从动件在上升过程和下降过程中其速度保持不变的运动规律，其特点是会引起强烈的惯性冲击，一般只适用于低速或从动件质量较小的场合。	对比分析教材图5-17、图5-18从动件常用的运动规律，帮助学生结合应用实例理解、掌握	对照课件及教材图5-17、图5-18理解、掌握从动件常用的运动规律、特点及应用场合
2. 等加速等减速运动规律 等加速等减速运动规律的位移曲线为抛物线，其特点是会有一定的惯性冲击，所以这种运动规律适用于凸轮为中、低速转动，从动件质量不大的场合。	指导学生讨论交流，进一步学习	小组讨论
【课堂小结】 1. 总结凸轮机构的组成、特点、分类和应用。 2. 总结从动件常用的运动规律及应用。		

§5-3　间歇运动机构

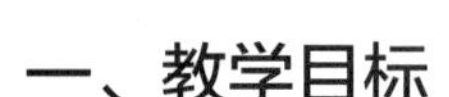

一、教学目标

1. 掌握棘轮机构的组成、特点、工作原理、常见类型。
2. 掌握槽轮机构的组成、特点、工作原理、常见类型。
3. 正确理解间歇运动机构的工作原理及应用。

二、教学重点

1. 棘轮机构的组成、特点、工作原理、常见类型。
2. 槽轮机构的组成、特点、工作原理、常见类型。

三、教学难点

槽轮机构的组成、特点、工作原理、常见类型。

四、教学建议

1. 本节内容比较抽象、学习难度大。建议在实际上课过程中结合视频演示常见类型的棘轮机构、槽轮机构，使学生了解不同类型的间歇运动机构。

2. 建议利用教材例图和视频演示槽轮机构及其运动特点，分析不同类型槽轮机构的特点及应用，帮助学生理解、掌握。

五、教学实施方案

教学内容	教师活动	学生活动
【教学引入】 间歇运动机构是指主动件做连续运动而从动件做间歇运动的机构。	视频展示间歇运动机构的应用实例	观看视频，初步了解间歇运动机构
一、棘轮机构（重点） 棘轮机构是间歇机构的一种形式，它将主动件的连续运动转换为从动件的间歇运动。棘轮机构的特点是结构简单，制造方便，棘轮的转角可在一定范围内调节，但工作时易产生冲击	对照教材图5–19讲解棘轮机构的应用特点	对照教材图5–19同步分析

续表

教学内容	教师活动	学生活动
和噪声，适用于低速、转角不大和传动平稳性要求不高的场合。 1. 棘轮机构的工作原理		
如图 5-19 所示，棘轮机构主要由摇杆、棘轮、驱动棘爪、止回棘爪、曲柄和机架等组成。 棘轮机构通常由曲柄摇杆机构来驱动，棘轮用键与棘轮轴相连接，摇杆空套在棘轮轴上。当摇杆逆时针摆动时，铰接在摇杆上的驱动棘爪 2 插入棘轮的齿槽内，推动棘轮同向转过一定角度。当摇杆顺时针摆动时，驱动棘爪 2 从棘轮的齿背上滑过，棘轮静止不动。止回棘爪 6 起阻止棘轮回转作用。这样，摇杆连续往复摆动，棘轮则间歇地做单方向转动。 2. 棘轮机构的常见类型	视频展示棘轮机构的应用实例，对照教材图 5-19 讲解其组成、工作原理	联系曲柄摇杆机构，掌握棘轮机构的组成、工作原理
棘轮有外齿棘轮和内齿棘轮两种。 （1）单动式棘轮机构 （2）双动式棘轮机构 （3）可变向棘轮机构 （4）摩擦式棘轮机构 **二、槽轮机构（重点、难点）** 1. 槽轮机构的工作原理	视频展示常见类型的棘轮机构并讲解其应用特点	观看视频，对照教材例图同步分析
槽轮机构结构简单、工作可靠，机械效率高，在进入和脱离接触时运动比较平稳，能准确控制转动的角度。但槽轮的转角不可调节，故只能用于定转角的间歇运动机构中。 槽轮机构由主动杆、圆销、槽轮及机架等组成。主动杆做逆时针连续转动，在主动杆上的圆销进入槽轮的径向槽之前，槽轮的内凹锁止弧被主动杆的外凸弧卡住，不能转动。当圆销开始进入槽轮径向槽时，锁止弧开始脱开，圆销推动槽轮沿顺时针方向转动。当圆销开始脱	视频展示教材图 5-26 所示单圆销外啮合槽轮机构的工作过程，结合应用实例讲解其组成、工作原理 布置随堂练习，指导学生完成	对照视频和教材例图理解槽轮机构的组成、工作原理 小组讨论，完成随堂练习

续表

教学内容	教师活动	学生活动
出槽轮的径向槽时，槽轮上的另一内凹锁止弧又被主动杆上的外凸弧锁住，使槽轮不能转动，直至主动杆上的圆销再次进入槽轮上的另一个径向槽，重复上述的运动循环。 2. 槽轮机构的常见类型 槽轮机构分为外啮合槽轮机构和内啮合槽轮机构。	对照教材表 5–7 讲解常见槽轮机构的类型和运动特点	理解并掌握
【课堂小结】 1. 帮助学生归纳总结棘轮机构的组成、特点、工作原理及其常见类型。 2. 重点分析槽轮机构的组成、特点、工作原理及其常见类型。		

第六章
轴系零部件

学时分配表

教学单元	教学内容	学时
轴系零部件	§6–1　轴	2
	§6–2　轴承	5
	§6–3　轴毂连接	2
	§6–4　联轴器	1
合　　计		10

本章内容分析

1. 轴的用途及分类，轴上零件的轴向固定和周向固定的方法。
2. 滑动轴承和滚动轴承的结构、类型、特点及代号。
3. 滚动轴承的安装、润滑、密封与选用原则。
4. 键连接和销连接的功用、类型和特点。
5. 联轴器的功用、类型和特点。

§6–1　轴

一、教学目标

1. 掌握轴的功用、分类、材料、结构和应用。
2. 掌握轴上零件的固定方式。
3. 了解轴的结构工艺性。
4. 能正确判断轴的类型并合理选择轴上零件的固定方式。

二、教学重点

1. 轴的功用、分类、材料、结构和应用。

2. 轴上零件的固定方式。

三、教学难点

轴上零件的固定方式。

四、教学建议

1. 教学过程中要紧密联系实际生活，引入自行车轴、汽车传动轴等实例。根据轴的结构、承载情况对其进行分类，重点讲解轴上零件的定位、固定以及轴的结构工艺性。

2. 本节的教学难点是轴上零件的固定方式和轴的结构工艺特点，建议教学中充分利用实物、教具、多媒体等手段，直观展示轴的结构特点，帮助学生理解、掌握，提升学习效果。

五、教学实施方案

教学内容	教师活动	学生活动
【教学引入】 轴是机器中常见的重要零件之一，日常生活中常见的轴的应用场合包括自行车前轴、汽车传动轴等。	视频展示轴的应用实例	观看视频
一、轴的分类和应用（重点） 一切做回转运动的零件（如齿轮、带轮等），都必须安装在轴上才能运动或传递动力。因此，轴的主要功用是支承回转零件，并使其具有确定的工作位置以传递运动和动力。 按受载的特点，轴可分为心轴、转轴和传动轴。	展示教材表6–1轴的应用实例：固定心轴（自行车前轴）、转动心轴（火车车轮轴）、减速器齿轮轴、汽车传动轴	学生同步分析
按轴线的形状，轴可分为直轴、曲轴和挠性轴，直轴按外形不同又可分为光轴和阶梯轴。	帮助学生归纳轴的分类	对照教材图6–1、图6–2、图6–3理解

续表

教学内容	教师活动	学生活动
二、轴的结构和轴上零件的固定（重点、难点） 1. 轴的结构 轴主要由轴颈、轴头和轴身三部分组成。被轴承支承的部位称为轴颈，支承回转零件的部位称为轴头，连接轴颈和轴头的部位称为轴身。阶梯轴中用作零件轴向固定的台阶部位称为轴肩，环形部位称为轴环。	结合教材图 6–4 讲解轴的各个组成部分	小组讨论交流
设计轴的结构时应注意以下三个方面的要求：使轴上零件固定可靠，便于加工和尽量避免或减小应力集中，轴上零件便于安装和拆卸。	结合应用实例讲解轴的结构要求	对照实例学习
2. 轴上零件的定位和固定（难点） （1）轴向定位和固定 轴上零件的轴向定位方法有轴肩（轴环）、套筒、圆螺母、轴用弹性挡圈、紧定螺钉、圆锥面等。	逐一演示不同的轴向定位和固定的方法，帮助学生掌握，克服教学难点	对照课件和教材例图理解并掌握
（2）周向定位和固定 轴上零件的周向定位方法有键连接、销连接、过盈连接等。	逐一演示不同的周向定位和固定的方法	对照教材例图理解并掌握
3. 轴的结构工艺性 （1）阶梯轴直径应中间大，并由中间向两端依次减小，以便于轴上零件的拆装。	结合应用实例分析轴的结构工艺性	分析教材图 6–12
（2）为了便于装配，轴端、轴颈和轴头的端部应倒角，一般为 45°。为防止产生应力集中现象，对阶梯轴中截面尺寸变化处应采用圆角过渡。	对照教材图 6–13、图 6–14 讲解轴的结构工艺性要求	分析轴的结构工艺性
（3）轴上切削螺纹处应留有退刀槽，需要磨削的轴段应留有砂轮的越程槽。 （4）为了减少加工时换刀及装夹工具的时间，同一根轴上所有的圆角半径、倒角尺寸、退刀槽和越程槽的宽度应尽量统一。当轴上有两个以上键槽时，应置于同一条素线上，以便一次装夹后就能加工完成。	布置随堂练习，并指导学生完成	小组讨论，总结各知识点并完成随堂练习

续表

<table>
<tr><th>教学内容</th><th>教师活动</th><th>学生活动</th></tr>
<tr><td colspan="3">【课堂小结】
1. 帮助学生归纳总结轴的分类、轴的常用材料和结构要求、轴上零件的固定、轴的结构工艺性。
2. 结合实例和随堂练习，总结轴上零件的固定方法和轴的结构工艺特点。</td></tr>
</table>

§6-2 轴承

一、教学目标

1. 掌握滑动轴承的类型、结构和润滑方式。
2. 掌握滚动轴承的结构、类型、代号、选用原则、安装、润滑与密封。
3. 能正确判断轴承的类型、结构、应用特点等。

二、教学重点

1. 滑动轴承的类型、结构和润滑方式。
2. 滚动轴承的结构、类型、代号、选用原则、安装、润滑与密封。

三、教学难点

滚动轴承的代号。

四、教学建议

1. 本节内容比较抽象，学习难度大。建议教学过程中联系实例，逐个讲解知识点，并注重不同类型的轴承之间的对比。

2. 建议充分利用实物、教具、多媒体等手段，展示轴承的结构，讲解两种不同类型轴承的结构特点，帮助学生区分，以提高学生的学习效果。

3. 通过实例讲解滚动轴承代号，明确滚动轴承代号由前置代号、基本代号和后置代号三部分构成，再从各构成部分细分。督促学生完成随堂练习，以巩固记忆轴承代号的含义，从而突破教学难点。

五、教学实施方案

教学内容	教师活动	学生活动
【教学引入】 根据摩擦性质的不同，轴承分为滚动轴承和滑动轴承两大类。	视频展示不同类型的轴承、应用特点及应用实例	观看视频，初步了解轴承
一、滑动轴承（重点） 滑动轴承一般分为径向滑动轴承和止推滑动轴承两大类。	展示教材图6-16滑动轴承的类型，讲解其应用特点	同步分析

续表

教学内容	教师活动	学生活动
滑动轴承的主要优点是运转平稳可靠，径向尺寸小，承载能力大，抗冲击能力强，能获得很高的旋转精度，可实现液体润滑以及能在较恶劣的条件下工作。		
1. 整体式滑动轴承 整体式滑动轴承一般由轴承座、轴瓦和紧定螺钉组成。 2. 剖分式滑动轴承 剖分式滑动轴承一般由轴承座、轴承盖、上轴瓦、下轴瓦以及连接螺栓等组成。	对照教材图 6–18、图 6–20 讲解整体式和剖分式滑动轴承的结构、特点	对比整体式和剖分式滑动轴承的结构、特点
常见的轴瓦形式有整体式和剖分式两种。常用的轴瓦材料有轴承合金、铜合金、铸铁及非金属材料等。	对照教材图 6–21 讲解轴瓦的结构形式及常用材料	对照教材例图理解并掌握
3. 滑动轴承的润滑 滑动轴承可采用的润滑剂有润滑油、润滑脂和固体润滑剂。滑动轴承的润滑方式主要有间歇式供油润滑和连续供油的润滑方式。	讲解滑动轴承润滑的目的、润滑剂、常用的润滑方式及装置	对照教材表 6–2 分析，理解并掌握
二、滚动轴承的结构与类型（重点） 1. 滚动轴承的结构 滚动轴承由内圈、外圈、保持架和滚动体等组成。	对照教材图 6–22 讲解滚动轴承的结构	理解并掌握
2. 滚动轴承的类型 滚动轴承的分类方式很多，按滚动体种类，可分为球轴承和滚子轴承等；按所能承受载荷方向，可分为以承受径向载荷为主的向心轴承和以承受轴向载荷为主的推力轴承两大类。	对照教材表 6–3 讲解滚动轴承的类型和特性	对比不同类型的滚动轴承，理解并掌握
三、滚动轴承代号的组成及意义（难点） 滚动轴承代号由前置代号、基本代号和后置代号三部分构成。	对照教材表 6–4 讲解滚动轴承代号的组成	理解并掌握

续表

教学内容	教师活动	学生活动
1. 基本代号 基本代号表示轴承的基本类型、结构和尺寸，一般由轴承类型代号、尺寸系列代号、内径代号组成。		
（1）类型代号：轴承的类型代号由数字或字母表示。	对照教材表 6–5 讲解轴承的类型代号	理解并掌握
（2）尺寸系列代号：尺寸系列代号由两位数字组成，前一位数字为宽度（或高度）系列代号，后一位数字为直径系列代号。	对照教材图 6–25、图 6–26、表 6–6，讲解轴承的尺寸系列代号	对照教材例图和表理解并掌握
（3）内径代号 轴承的内径代号一般由两位数字表示，并紧接在尺寸系列代号之后注写。	对照教材表 6–7 讲解轴承的内径代号	理解并掌握内径代号
2. 前置代号和后置代号 前置代号和后置代号是轴承代号的补充代号。	简单讲解前置代号和后置代号	
后置代号用字母（或加数字）表示，置于基本代号的右边并与基本代号间空半个字距。	讲解滚动轴承代号示例并布置随堂练习	对照示例完成随堂练习
四、滚动轴承类型的选择（重点） 滚动轴承类型很多，选用时应综合考虑轴承所受载荷的大小、方向和性质，转速的高低、支承刚度以及结构状况等，尽可能做到经济合理地满足使用要求。	对照教材表 6–9 讲解滚动轴承类型的基本选用原则	对比不同的应用条件，掌握滚动轴承类型的基本选用原则
五、滚动轴承的安装、润滑与密封 1. 滚动轴承的轴向固定 一般情况下，滚动轴承的内圈装在被支承轴的轴颈上，外圈装在轴承座（或机座）孔内。滚动轴承安装时，对其内圈、外圈都要进行必要的轴向固定，以防止运转中产生轴向窜动。	对照教材表 6–10、表 6–11，讲解滚动轴承的轴向固定	理解并掌握滚动轴承的轴向固定
2. 滚动轴承的润滑 滚动轴承润滑的目的在于减小摩擦阻力、降低磨损、缓冲吸振、冷却和防锈。滚动轴承的润滑剂有液态、固态和半固态三种。	对比滑动轴承的润滑讲解	对比滑动轴承的润滑，理解并掌握滚动轴承的润滑

续表

教学内容	教师活动	学生活动
3. 滚动轴承的密封 密封的目的是防止灰尘、水分、杂质等侵入轴承和阻止润滑剂流失。常用的密封方式有接触式密封和非接触式密封两类。	对照教材表6–12讲解滚动轴承的密封方式和适用场合	理解并掌握
【课堂小结】 1. 帮助学生总结滑动轴承的类型、结构和润滑方式。 2. 结合轴承的不同应用条件，重点总结滚动轴承的结构、类型、代号组成、选用原则、安装、润滑与密封，引导学生通过归纳总结突破教学难点。		

§6-3 轴毂连接

一、教学目标

1. 掌握键连接的作用、分类、应用特点及其标记。
2. 掌握圆柱销和圆锥销的结构、特点及应用。
3. 能正确判断键连接和销连接的类型、结构、应用特点等。

二、教学重点

1. 键连接的作用、分类、应用特点及其标记。
2. 圆柱销和圆锥销的结构、特点及应用。

三、教学难点

键连接的作用、分类、应用特点及其标记。

四、教学建议

1. 建议教学过程中联系生活实际，逐个讲解知识点，并注重不同类型的键连接和销连接之间的对比。

2. 建议充分利用实物、教具、多媒体等手段，展示键、销的结构，讲解其结构特点，帮助学生区分，以提高学生的学习效果。

3. 键连接、销连接和螺纹连接都属于连接方式中的可拆卸连接，在教学中要注意引导学生归纳、总结上述三种连接之间的相同点和不同点，对比掌握。

五、教学实施方案

教学内容	教师活动	学生活动
【教学引入】 轴与轴上零件（如齿轮、带轮等）是通过轴毂连接结合在一起，来实现周向固定以传递转矩的，常用的有键连接、销连接和过盈连接。 **一、键连接（重点、难点）** 键连接主要用来实现轴与轴上零件（如带轮、	视频展示键连接、销连接的应用实例	观看视频，了解轴毂连接

续表

教学内容	教师活动	学生活动
齿轮等）的周向固定，并传递运动和转矩。有些类型的键还能实现轴上零件的轴向固定，当轴上零件沿轴向移动时还能起导向作用。	展示键连接应用实例，讲解键连接的作用	理解并掌握
键连接分为松键连接和紧键连接两类，其中松键连接应用较为普遍。常用的松键连接有普通平键连接、导向平键连接、半圆键连接和花键连接等，紧键连接有楔键连接和切向键连接。	展示键连接的分类	对比不同类型的键连接
1. 松键连接及其常用形式	对照教材图 6–28 讲解普通平键的连接	对照教材例图理解并掌握
松键连接是以键的两个侧面为工作面，使用时键装在轴和零件毂孔的键槽内，键的两侧面与键槽侧面紧密接触，借以传递运动和转矩。键的顶面与轮毂槽底之间留有间隙，装配时不需打紧，不影响轴与轮毂的同轴度。松键连接的特点是以键的两侧面为工作面，对中性好，拆装方便，结构简单，但不能承受轴向力。 2. 普通平键尺寸的选用及标记	对照教材表 6–13 中的图例，讲解常用的松键连接及应用特点，其中普通平键连接和花键连接应重点讲解	对照教材表 6–13 理解并掌握
普通平键的主要尺寸是键宽 b、键高 h 和键长 L。其中键宽 b 和键高 h 一般根据轴颈尺寸按标准确定，键长 L 应参照标准中的键长系列值，选取略短于轮毂长度的尺寸。	对照教材示例讲解普通平键尺寸的选用及标记	对照教材示例理解并掌握
标准规定，在普通平键标记中 A 型键（圆头）的键型可省略不标，而 B 型键（方头）和 C 型键（单圆头）的键型必须标出。 标记示例： GB/T 1096　键 16 × 10 × 100	布置随堂练习	分组讨论并完成随堂练习
紧键连接是以键的上下表面为工作面，键的上表面和与之相配合的轮毂键槽底均有 1∶100 的斜度，应用时靠键的上下表面与毂、轴键槽底面挤紧工作。因此，紧键连接能对轴上零件起轴向固定作用，但由于键装配时需要打紧，所以连接的对中性差。	对照教材图 6–30 讲解紧键连接	对照教材例图分析，理解并掌握

续表

<table>
<tr><th>教学内容</th><th>教师活动</th><th>学生活动</th></tr>
<tr><td>二、销连接（重点）
销连接主要用于固定零件之间的相互位置，并能传递少量载荷，有时还可作为安全装置中的过载剪断元件，对机器的其他重要零部件起过载保护作用。
销的形式很多，基本类型有圆柱销和圆锥销两种，它们均有带螺纹和不带螺纹两种形式。</td><td>对照教材表6–14中的例图，讲解常用圆柱销和圆锥销的结构、特点及应用</td><td>对照教材表6–14中的例图理解并掌握</td></tr>
<tr><td colspan="3">【课堂小结】
1. 归纳总结键连接的作用、分类、应用特点及其代号。
2. 对比圆柱销和圆锥销的结构、特点及应用。</td></tr>
</table>

§6-4　联轴器

一、教学目标

1. 掌握刚性联轴器的类型、结构及应用特点。
2. 掌握挠性联轴器的类型、结构及应用特点。
3. 能正确判断联轴器的类型、结构及应用特点。

二、教学重点

1. 刚性联轴器的类型、结构、应用特点。
2. 挠性联轴器的类型、结构、应用特点。

三、教学难点

挠性联轴器的类型、结构、应用特点。

四、教学建议

1. 建议教学过程中紧密联系生活实际，逐个讲解知识点，注重对比不同类型的联轴器。

2. 教学中应充分利用实物、教具、多媒体等手段，直观展示联轴器的结构，详细讲解各类型联轴器的应用特点，帮助学生理解、掌握，以建立完整的机械传动知识体系，从而突破教学难点。

五、教学实施方案

教学内容	教师活动	学生活动
【教学引入】 联轴器的功用是连接两轴或轴与回转件，使它们在传递转矩和运动过程中一同回转而不脱开，某些特殊结构的联轴器还具有过载保护作用。	视频展示联轴器的应用实例	观看视频，初步了解联轴器
联轴器所连接的两根轴常属于两个不同的部件，由于制造和安装误差，以及工作时受载或受热后机架和其他部件的弹性变形与温差变形等原因，两轴轴线不可避免地要产生相对偏移，	展示联轴器的偏移形式	理解并掌握

续表

教学内容	教师活动	学生活动
偏移形式通常有轴向偏移、径向偏移、角向偏移和组合偏移。		
联轴器按结构和功用的不同可分为刚性联轴器、挠性联轴器和安全联轴器三大类。	展示联轴器的分类	对比不同类型联轴器
一、刚性联轴器（重点、难点） 刚性联轴器不具有补偿被连接两轴轴线相对偏移的能力，也不具有缓冲、减振性能，但结构简单，价格便宜，适用于载荷平稳，转速稳定，并且两个被连接轴轴线严格对中的场合。常用的刚性联轴器有凸缘联轴器和套筒联轴器。	对照教材表6–15中的例图，讲解刚性联轴器的结构、应用特点、类型	对照教材例图理解并掌握
二、挠性联轴器（难点） 挠性联轴器具有一定的补偿被连接两轴轴线相对偏移的能力，这种联轴器分为无弹性元件挠性联轴器和弹性联轴器两类。 1. 无弹性元件挠性联轴器 十字滑块联轴器和万向联轴器是两种较为常用的无弹性元件挠性联轴器。	对照教材表6–16、表6–17中例图，讲解无弹性元件挠性联轴器和弹性联轴器	对照教材表6–16、表6–17中例图理解并掌握
2. 弹性联轴器 弹性联轴器利用弹性元件的弹性变形来补偿两轴相对偏移，同时能缓冲和吸振。 表6–17中为弹性套柱销联轴器、弹性柱销联轴器、弹性柱销齿式联轴器三种常用的弹性联轴器的结构特点和应用。	对比两种挠性联轴器，帮助学生理解并掌握	分组讨论
三、安全联轴器 具有过载安全保护功能的联轴器称为安全联轴器。如图6–33所示为常用的安全联轴器，这种联轴器在过载时销会被剪断，以避免机器中其他薄弱环节或重要零部件受到损坏。	对照教材图6–33讲解安全联轴器的结构及作用	对照教材例图理解并掌握
为了加强剪销式安全联轴器的剪切效果，通常在受剪销的预定剪断处切有环槽。销套的主	布置随堂练习	按要求完成随堂练习

续表

教学内容	教师活动	学生活动
要作用是避免销被切断时损伤联轴器和被连接零件的销孔壁。		
【课堂小结】 帮助学生归纳总结刚性联轴器和挠性联轴器的作用、类型、结构及应用特点。		

第七章
液压传动

学时分配表

教学单元	教学内容	学时
液压传动	§7-1　概述	2
	§7-2　液压泵	2
	§7-3　液压缸	2
	§7-4　液压控制阀	4
	§7-5　辅助装置	1
	§7-6　液压基本回路	3
合　　计		14

本章内容分析

1. 液压传动的概念、组成、工作原理和特点。
2. 液压传动元件的分类、结构、工作原理、特点和应用。
3. 液压基本回路的组成、工作原理、特点和应用实例。

§7-1　概述

一、教学目标

1. 掌握液压传动的工作原理及组成。
2. 了解液压传动的特点。
3. 掌握液压传动系统压力、流量、平均流速的概念及相关计算公式。
4. 能正确进行液压传动系统压力、流量、平均流速的相关计算。

二、教学重点

1. 液压传动的工作原理及组成。
2. 液压传动系统压力、流量、平均流速的概念及相关计算。

三、教学难点

液压传动系统压力、流量、平均流速的概念及相关计算。

四、教学建议

1. 液压传动概述是本章的基础，理论性和实践性都很强。建议采用现实生活中的实例引入，充分利用多媒体课件、教具、液压系统训练设备、数字资源等直观展示，以加深学生的理解。教学中应把重点放在液压传动系统的工作原理、组成及压力、流量等概念的相关计算上。

2. 教学过程中要坚持以教师为主导、学生为主体，突出液压传动知识的基础性、综合性和实践性，培养学生分析问题和解决问题的能力。

五、教学实施方案

教学内容	教师活动	学生活动
【教学引入】 液压传动是以液体为工作介质进行能量转换、传递和控制的传动，又称为流体传动。	视频展示液压传动的应用实例	观看视频
一、液压传动的工作原理及组成 液压传动系统工作时要实现压力能与机械能之间的转换，其工作原理是利用运动着的压力液体迫使系统内密封容积发生改变来传递运动和动力。 液压传动系统一般由动力元件、执行元件、控制元件、辅助元件和工作介质组成。	对照教材图 7–1 讲解液压传动系统的工作原理和组成（简要介绍各组成部分的作用）	分组讨论
二、液压传动的特点 优点：在功率相同的条件下，液压传动系统体积小，质量轻，结构紧凑；能获得较大的动力，运行平稳，能方便地实现换向和无级变速，易于实现程序控制和过载保护；元件能自行润	举例讲解	对照教材和应用实例理解并掌握

续表

教学内容	教师活动	学生活动
滑，使用寿命长。		
缺点：油液容易泄漏，传动比不准确且传动效率低；系统的性能受温度变化的影响大，不宜在很高或很低的温度条件下工作；制造精度要求较高，成本较高，同时使用和维护要求的技术水平也较高。	对比液压传动的优缺点	分组讨论
三、液压传动系统压力和流量的概念（重点、难点）		
1. 压力的形成及其传递 液体的压力（压强）是指液体或容器壁单位面积上所受的法向力，通常用 p 表示。	演示教材图 7-3 压力的形成及其传递，帮助学生理解	对照课件和教材例图理解并掌握
如图 7-3 所示液压千斤顶，由帕斯卡定律可知，大液压缸内的压力应与小液压缸内的压相等，即：	分析公式的建立和推导过程	同步分析
$p_2=p_1=\dfrac{F_1}{A_1}$ 作用在大液压缸活塞上的总推力： $F_2=p_2A_2=F_1\dfrac{A_2}{A_1}$	讲解例题 7-1	对照教材例题理解并掌握
设大活塞、小活塞的直径分别为 D、d，则： $F_2=F_1\dfrac{A_2}{A_1}=F_1\dfrac{\frac{\pi D^2}{4}}{\frac{\pi d^2}{4}}=F_1\dfrac{D^2}{d^2}$ 液压传动系统中压力的大小是由外负载决定的，它随负载的变化而变化。 2. 流量与平均流速	布置随堂练习，并指导学生完成，克服教学难点	完成随堂练习
单位时间内流过某通流截面的液体体积称为流量，用 Q 表示，单位为 m^3/s 或 L/min。	讲解流量和平均流速的定义及公式	对照教材例题理解并掌握
平均流速是指液体单位时间内在管道（或缸）内的流动距离，用 v 表示，单位为 m/s。流量和平均流速之间的关系为	讲解例题 7-2	

续表

教学内容	教师活动	学生活动
$Q=\frac{\text{体积}}{\text{时间}}=\text{面积}\times\frac{\text{流动距离}}{\text{时间}}=\text{面积}\times\text{平均流速}$ 即 $Q=Av$。	布置随堂练习，并指导学生完成	完成练习，巩固知识点
【课堂小结】 1. 总结液压传动系统的工作原理、组成及其压力、流量、平均流速的概念和计算公式。 2. 进一步提出学习要求，激发学生学习的积极性，督促学生课后多进行巩固学习。		

§7-2 液压泵

一、教学目标

1. 掌握液压泵的基本工作原理及分类。
2. 了解液压泵的图形符号。
3. 掌握常用液压泵的工作原理及应用特点。
4. 能正确识别液压泵的种类和图形符号。

二、教学重点

1. 液压泵的基本工作原理及分类。
2. 常用液压泵的工作原理及应用特点。

三、教学难点

1. 液压泵的基本工作原理及分类。
2. 常用液压泵的工作原理及应用特点。

四、教学建议

1. 教学中应采用多媒体演示液压泵的基本工作原理，用不同的颜色标记液压元器件，帮助学生理解。对于结构原理相似的液压泵，要进行对比，既要讲清楚原理的共同点，也要对其不同的应用特点进行说明。

2. 教学过程中要坚持以教师为主导、学生为主体，突出液压传动知识的基础性、综合性和实践性，培养学生分析问题、解决问题的能力。

五、教学实施方案

教学内容	教师活动	学生活动
【教学引入】 液压泵是液压传动系统中的动力元件，它们能将原动机（电动机、内燃机等）输出的机械能转换为液压油的压力能。 **一、液压泵基本工作原理（重点）** 依靠密封容积的变化进行工作的泵称为容积	视频展示液压泵的应用实例及其作用	观看视频，初步认知液压泵并掌握其作用

续表

教学内容	教师活动	学生活动
泵，工作介质为液体时称为容积式液压泵。 容积式液压泵工作的基本条件是： 必须具有大小可变化的密封容积、必须具有配流装置、油箱必须与大气相通或保持一定的压力，以保证工作腔形成真空时能吸入油液。	对照教材图 7–6 讲解液压泵的工作原理 讲解液压泵工作的基本条件	理解并掌握
二、液压泵的种类及图形符号 1. 液压泵的种类 液压泵的种类很多，按照结构不同，分为齿轮泵、叶片泵、柱塞泵等；按其输油方向能否改变，分为单向泵和双向泵；按其输出的流量能否调节，分为定量泵和变量泵；按其额定压力高低不同，分为低压泵、中压泵和高压泵等。	举例讲解液压泵的种类	对照分类依据，对比不同种类的液压泵
2. 液压泵的图形符号 为了方便绘制液压传动系统图，国家标准对液压元件规定了统一的图形符号。	结合教材表 7–1 讲解液压泵的图形符号	练习绘制不同类型液压泵的图形符号
三、常用液压泵（重点、难点） 1. 齿轮泵 齿轮泵有外啮合齿轮泵和内啮合齿轮泵两种结构形式。	演示齿轮泵的工作原理	对照课件和教材例图理解并掌握
齿轮泵的吸油口、压油口不能互换。齿轮泵属于单向定量泵，其特点是结构简单，易于制造，价格便宜，工作可靠，维护方便，但其每一对轮齿啮合过程中的容积变化是不均匀的，故流量和压力脉动大，而且会产生振动和噪声，因此一般只用于低压轻载系统中。	视频展示教材图 7–7 所示外啮合齿轮泵的工作原理 举例讲解齿轮泵的应用特点	对比理解 对照教材例图分析
2. 叶片泵 叶片泵按转子每转吸油和排油次数不同分为单作用叶片泵和双作用叶片泵。 （1）单作用叶片泵		
这种泵转子转动一周，每个密封空间完成一次吸油和一次压油。单作用叶片泵可作为单向	演示教材图 7–8 所示单作用叶片泵的工	交流讨论，对比外啮合齿

续表

教学内容	教师活动	学生活动
变量泵，也可作为双向变量泵。	作原理	轮泵的工作原理分析
（2）双作用叶片泵 转子旋转一周，每个密封腔完成两次吸油和两次压油，双作用叶片泵的转子与定子同轴，流量不能调节，属于定量泵。 与齿轮泵相比，叶片泵的特点是流量均匀、运转平稳、噪声小，但由于叶片泵的运动零件间的间隙小，所以对油的过滤要求较高，结构较复杂，价格较高。 3. 柱塞泵 柱塞泵按柱塞的排列方式不同分为轴向柱塞泵和径向柱塞泵两类。	演示教材图 7–9 双作用叶片泵的工作原理并对比单作用叶片泵讲解其应用特点	对照课件和教材例图理解并掌握
（1）轴向柱塞泵 泵体每转一周，每个柱塞往复运动一次，完成吸油和压油各一次。传动轴带动泵体连续转动，柱塞泵不断地吸油和压油。改变斜盘倾角 α 的大小，就能改变柱塞往复运动行程的大小，从而改变泵的流量；改变斜盘的倾斜方向，可以改变泵吸油口、压油口的位置。	演示教材图 7–10 轴向柱塞泵的工作原理，帮助学生理解	对照教材例图理解并掌握
（2）径向柱塞泵 转子按图 7–11 所示方向转动时，柱塞在离心力的作用下，其头部与定子内表面紧密接触，在 $0 \sim \pi$ 之间，柱塞逐渐伸出，柱塞孔内的密封容积增大，形成真空，通过配流轴的吸油口吸油；在 $\pi \sim 2\pi$ 之间，柱塞被定子内表面逐渐压回，柱塞孔内的密封容积减小，将油液通过配流轴的压油口压出。转子连续转动，吸油、压油过程不断重复。调节转子偏心距 e 的大小，可以改变泵的输油量；若改变偏心距的方向，则可改变泵的输油方向。 两种柱塞泵均可用作单向变量泵或双向变量泵。	演示教材图 7–11a 径向柱塞泵的工作原理 对比分析两种柱塞泵的应用特点 布置随堂练习	分组讨论 完成随堂练习

续表

<table>
<tr><th>教学内容</th><th>教师活动</th><th>学生活动</th></tr>
<tr><td colspan="3">【课堂小结】
1. 总结液压泵的分类及图形符号，引导学生练习绘制不同类型液压泵的图形符号。
2. 利用多媒体数字资源演示常用液压泵的工作原理，帮助学生理解、掌握其应用特点。</td></tr>
</table>

§7-3 液压缸

一、教学目标

1. 掌握液压缸的作用、类型、工作原理、固定方式。
2. 了解液压缸的密封、缓冲。
3. 了解液压缸的排气装置。
4. 能正确识别液压缸的图形符号及工作原理。

二、教学重点

1. 液压缸的作用、类型、工作原理、固定方式。
2. 液压缸的密封、缓冲和排气装置。

三、教学难点

液压缸的作用、类型、工作原理、固定方式。

四、教学建议

1. 本节内容比较抽象，学习难度大。建议教学过程中采用多媒体演示，用不同的颜色标记液压元器件，讲解液压缸的工作原理，帮助学生理解。对于结构、原理相似的液压缸，要进行对比，既要讲清楚工作原理的共同点，也要对其不同的应用特点进行说明。

2. 教学过程中要坚持以教师为主导、学生为主体，讲练结合，突出液压传动知识的基础性、综合性和实践性，培养学生分析问题、解决问题的能力。

五、教学实施方案

教学内容	教师活动	学生活动
【教学引入】 液压缸是液压传动系统中的执行元件，它的作用是将液体的压力能转换为机械能。 液压缸按结构特点的不同分为活塞式、柱塞式以及摆动式三大类。 活塞式液压缸有双作用双杆液压缸和双作用	视频展示液压缸的作用、类型及应用实例	观看视频，交流讨论

续表

教学内容	教师活动	学生活动
单杆液压缸两种结构形式。 **一、双作用双杆液压缸（重点）** 双作用双杆液压缸在活塞两端都有活塞杆伸出。 双作用双杆液压缸两端的活塞杆直径通常是相等的，因此它的左、右两腔的有效面积也相等。双作用双杆液压缸的特点是当交替进入活塞缸两腔的液体压力 p 和流量 Q 不变时，液压缸在左、右两个方向上产生的推力 F 和运动速度 v 分别相等。	对照教材图 7–13 讲解双作用双杆液压缸的工作原理	分析并理解
双作用双杆液压缸按固定方式不同有缸体固定和活塞杆固定两种，其工作原理和应用特点见表 7–2。	对照教材表 7–2 讲解双作用双杆液压缸的固定方式	理解并掌握
二、双作用单杆液压缸（重点、难点） 双作用单杆液压缸的活塞只有一端带活塞杆。 由于双作用单杆液压缸左、右两腔的有效面积不相等，因此其特点是当交替进入缸两腔的液体压力 p 和流量 Q 不变时，液压缸在左、右两个方向上输出的推力 F 不相等，往复运动速度 v 也不相等，并且活塞杆直径越大，这种差别也越大。双作用单杆液压缸的这种特点常用于实现机床的工作进给和快速退回，以缩短空回行程时间，提高生产效率。	结合教材图 7–14，讲解双作用单杆液压缸的结构、工作原理及应用特点 结合教材图 7–14，分析双作用单杆液压缸的工作特点、固定方式	对比双作用双杆液压缸分析 分组讨论，理解并掌握
双作用单杆液压缸也有缸体固定和活塞杆固定两种形式，但它们的工作台移动范围都是液压缸有效行程的两倍。双作用单杆液压缸可做差动连接。	结合教材图 7–15 分析差动液压缸	对照课件和教材例图理解并掌握
三、液压缸的密封和缓冲 1. 液压缸的密封 液压缸密封的目的是尽量减少液压油的泄漏，阻止有害杂质侵入系统。常用的密封方法有间隙密封和密封圈密封两种。	对照教材表 7–3 讲解液压缸密封的目的和方法	同步分析

续表

教学内容	教师活动	学生活动
2. 液压缸的缓冲 液压缸通常设有缓冲装置。这是为了防止活塞运动到行程末端时，由于惯性力的作用与缸盖发生撞击，从而引起振动和噪声，甚至损坏液压缸。一般是在缸体内设置缓冲结构，也可在缸体外设置缓冲回路，以确保活塞在行程末端的平稳过渡，使系统正常工作。	结合图 7–16 分析液压缸的缓冲结构	理解并掌握
四、液压缸的排气装置 液压传动系统在安装过程中会带入空气，并且油液中也会混有空气。由于气体有很大的可压缩性，因此会使液压缸的运动出现振动、爬行和前冲等现象，影响系统的正常工作。在设计时，一般是利用空气较轻的特点，在液压缸的最高处设置吸油口、压油口，以便把气体带走。对于运动平稳性要求较高的液压缸，常在液压缸的最高处设置专门的排气装置，如排气塞、排气阀等。	视频展示液压系统存在空气时会出现的现象	观看视频，分组讨论
液压缸需要排气时，拧松排气塞螺钉，使活塞全行程空载往返数次，空气便通过锥面间隙经排气小孔排出。排气完毕，再拧紧排气螺钉，使液压缸进入正常工作状态。	结合图 7–17 讲解液压缸常用的排气塞结构 布置随堂练习	理解并掌握 完成练习任务

【课堂小结】

1. 结合应用实例总结液压缸的作用、类型、工作原理和固定方式。
2. 归纳总结液压缸的密封、缓冲和排气装置。

§7-4　液压控制阀

一、教学目标

1. 掌握液压控制阀的作用、类型。
2. 掌握方向控制阀、压力控制阀的工作原理及图形符号。
3. 掌握流量控制阀的工作原理及图形符号。
4. 能正确识别液压控制阀的图形符号。

二、教学重点

1. 方向控制阀、压力控制阀的工作原理及图形符号。
2. 流量控制阀的工作原理及图形符号。

三、教学难点

方向控制阀、压力控制阀的工作原理及图形符号。

四、教学建议

1. 本节内容多，各种液压控制阀的结构抽象，学习难度非常大。建议教学过程中用视频演示不同液压控制阀的工作过程，用不同的颜色标记液压元器件，对比讲解其工作原理和图形符号，便于学生理解。

2. 教学过程中要坚持以教师为主导、学生为主体，注重讲练结合，引导学生对比分析，归类学习，培养学生分析问题、解决问题的能力。

五、教学实施方案

教学内容	教师活动	学生活动
【教学引入】 液压控制阀是液压传动系统的控制元件，用以控制和调节系统中液体的压力、流量和流动方向。 液压控制阀一般分为方向控制阀、压力控制阀和流量控制阀三大类。	视频展示液压控制阀的工作原理，讲解液压控制阀的作用、类型及应用实例	观看视频，初步了解液压控制阀

续表

教学内容	教师活动	学生活动
一、方向控制阀（重点、难点） 系统中用以控制液体流动方向或液体通断的阀，称为方向控制阀，其中包括单向阀和换向阀。 1. 单向阀		
使液体只能沿一个方向流动，分为普通单向阀和液控单向阀两种。	对照教材图 7–18 讲解单向阀的工作原理	分析并理解
2. 换向阀 换向阀的作用是改变液体的流动方向，接通或关闭通路，以达到控制执行元件运动方向或启动、停止的目的。 换向阀按结构不同一般分为滑阀式和转阀式两种。 （1）换向阀的结构和工作原理 换向阀的工作原理是通过改变阀芯在阀体中的位置，使阀体上各通口的连通方式发生变化，进而控制液体的通断和流向。	对照教材图 7–19 讲解换向阀的结构和工作原理，视频展示阀芯位置变化时各通口的连通方式	对照教材例图理解并掌握 注意观看视频中阀芯位置变化时各通口的连通方式
（2）换向阀的分类及图形符号 换向阀的类型较多，其结构、控制方式和图形符号各不相同。“位”是指阀芯的切换工作位置数，用方格表示。“通”是指阀的通路口数，即箭头“↑”或封闭符号“⊥”与方格的交点数	结合教材图 7–20 讲解换向阀的分类及图形符号 结合教材表 7–5 分析换向阀位、通的表达方式	对比分析 对照课件和教材表 7–5 中的例图理解并掌握
（3）三位换向阀的中位机能 换向阀阀芯处于中间位置时各通口的连通方式称为中位机能。中位机能不同，阀的中位对系统的控制性能就不同。	结合教材表 7–9 分析三位四通换向阀常用的中位机能，并进行随堂练习	分析理解并完成随堂练习（绘制三位四通换向阀的图形符号）
二、压力控制阀（重点、难点） 在液压传动系统中，用来控制液体压力高低或利用压力变化实现某种动作的控制阀称为压力控制阀，简称压力阀。按其用途不同分为溢流阀、减压阀、顺序阀和压力继电器等。	讲解压力控制阀的作用、分类	对照教材理解并掌握

续表

教学内容	教师活动	学生活动
1. 溢流阀 溢流阀是液压传动系统中必不可少的控制元件，其作用主要有两方面：一是起溢流和保持系统（或回路）压力稳定的作用；二是防止系统过载，起安全保护作用（又称安全阀）。 溢流阀按工作原理不同分直动式和先导式两种。	讲解溢流阀的作用、类型、工作原理	分析溢流阀的作用、类型、工作原理
（1）直动式溢流阀 直动式溢流阀由阀体、阀芯、调压弹簧、调压螺钉组成，其特点是结构简单，制造容易，但它是利用油液压力直接与弹簧力相平衡工作的，若系统所需油液压力较高，就要求弹簧的刚度要高。当溢流量大时，阀口开度就大，弹簧的压缩量随之增加，使阀所控制的压力波动幅度增大。因此，该阀只适用于低压、流量不大的系统。	结合教材图 7–21，分析直动式溢流阀的结构 视频展示直动式溢流阀的工作原理	掌握直动式溢流阀的结构 观看视频，理解并掌握直动式溢流阀的工作原理、图形符号
（2）先导式溢流阀 先导式溢流阀分为主阀Ⅰ和先导阀Ⅱ两部分（见图 7–22）。先导阀的阀芯是锥阀，用于控制压力。主阀阀芯是滑阀，用于控制流量。	视频展示先导式溢流阀的工作原理、图形符号，结合教材图 7–22 分析	观看视频，理解并掌握先导式溢流阀的工作原理、图形符号
2. 减压阀 减压阀在系统中起减压作用，它能使系统中的某部分或某分支获得比动力源的供油压力低的稳定压力。减压阀分直动式和先导式两种，液压传动系统中多用先导式减压阀。	视频展示先导式减压阀的工作原理、图形符号，结合教材图 7–24 分析	观看视频，对比溢流阀理解并掌握减压阀的工作原理、图形符号
3. 顺序阀 顺序阀是利用系统内压力的变化对执行元件的动作顺序进行自动控制的阀。顺序阀分为直动式和先导式两类。 直动式、先导式顺序阀与直动式、先导式溢流阀的结构大体相似，工作原理也基本相同，	视频展示顺序阀的工作过程、原理、图形符号，结合教材图 7–25 分析	观看视频，对比溢流阀理解并掌握顺序阀的工作原理、图形符号

续表

教学内容	教师活动	学生活动
其主要区别在于溢流阀的出油口接油箱，而顺序阀的出油口与压力油路相通，以驱动阀后的执行元件，因此顺序阀的泄油口需单独接油箱。	对比总结三种压力控制阀的工作原理、图形符号、常规状态时油口的状态	归纳总结三种压力控制阀，绘制图形符号并对比
4. 压力继电器 压力继电器是一种将液压信号转变为电信号的转换元件。当控制液体压力达到调定值时，它能自动接通或断开有关电路，使相应的电气元件动作，以实现系统的预定程序及安全保护。 **三、流量控制阀（重点）** 流量控制阀是靠改变节流口的通流截面积来调节液体流经阀口的流量，以控制执行元件的运动速度。	视频展示压力继电器的工作原理，结合教材图 7–26 分析	观看视频，理解并掌握压力继电器的工作原理、图形符号
常见的节流口形式有针阀式、偏心槽式、轴向三角槽式和轴向缝隙式。这些节流口利用阀芯做轴向移动或绕轴线转动来改变阀通流截面积的大小，以调节流量。	结合教材图 7–27 讲解节流口形式	对比流量控制阀的节流口形式
1. 节流阀 节流阀是结构最简单、应用最普遍的一种流量控制阀。它是借助控制机构使阀芯相对于阀体孔移动，以改变阀口的通流截面积，从而调节输出流量。	视频展示节流阀的工作原理、图形符号，结合教材图 7–28 分析	观看视频，掌握节流阀的工作原理、图形符号
2. 调速阀 调速阀由减压阀和节流阀串联组合而成，这里的减压阀是一种直动式定差减压阀，这种减压阀和节流阀串联在油路里可以使节流阀前后的压力差保持不变，从而使通过节流阀的流量也保持不变。因此，执行元件的运动速度就能保持稳定。	视频展示调速阀的工作原理、图形符号，结合教材图 7–29 分析 布置随堂练习	分析调速阀工作原理，并绘制其图形符号 完成随堂练习，交流讨论

【课堂小结】

1. 结合应用实例总结液压控制阀的作用和类型。
2. 总结方向控制阀、压力控制阀、流量控制阀的工作原理和图形符号。

§7-5　辅助装置

一、教学目标

1. 掌握油箱的作用及结构。

2. 掌握过滤器的类型、结构、特点、应用和安装位置。

3. 掌握油管和管接头的作用、类型。

4. 能正确识别液压辅助装置的图形符号。

二、教学重点

1. 过滤器的类型、结构、特点、应用和安装位置。

2. 油管和管接头的作用、类型。

三、教学难点

过滤器的类型、结构、特点、应用和安装位置。

四、教学建议

1. 本节内容少，学习难度不大。建议教学过程中充分结合应用实际，便于学生理解。

2. 教学过程中要坚持以教师为主导、学生为主体，注重讲练结合，引导学生对比分析，培养学生分析问题、解决问题的能力。

五、教学实施方案

教学内容	教师活动	学生活动
【教学引入】 在液压传动系统中，除了动力元件、执行元件和控制元件外，还需有一些必要的辅助装置，以保证系统的正常工作。 液压传动系统的辅助装置包括油箱、过滤器、压力表及管件等。 **一、油箱** 油箱的作用是储存系统工作所需的油液，散	课件展示液压辅助装置，讲解液压辅助装置的作用、类型及应用实例	观看视频，初步了解液压辅助装置及其作用

续表

教学内容	教师活动	学生活动
发油液因工作而产生的热量，沉淀污物并逸出油中气体。	对照教材图7–31讲解油箱的结构及其作用	理解并掌握
二、过滤器（重点、难点） 液压传动系统使用的油液中不可避免地存在颗粒状固体杂质，这些杂质会划伤液压元件中的运动接合面，加剧液压元件中运动零件的磨损，也可能堵塞小孔、阀口或卡死运动件，使系统发生故障。因此，在系统工作时要用过滤器将油液中的杂质过滤掉，保证系统正常工作。	讲解过滤器的作用	理解并掌握
过滤器按其工作时所能过滤的颗粒大小不同，可分为粗过滤器和精过滤器两大类；按其滤芯的材料和过滤方式不同，可分为网式过滤器、线隙式过滤器、纸芯式过滤器和烧结式过滤器等。	对照教材表7–10讲解过滤器的类型、结构、特点和应用	对照教材表7–10中的例图理解并掌握
过滤器可以安装在液压泵的吸油管路上或液压泵的输出管路上以及重要元件的前面。通常情况下，泵的吸油口装粗过滤器，泵的输出管路上与重要元件之前装精过滤器。	讲解过滤器的安装位置	理解并掌握
三、压力表 压力表用于显示系统中的压力。	简要介绍压力表的作用	对照教材理解并掌握
四、油管和管接头（重点） 油管是连接液压泵、液压缸及各类液压控制阀的通道。液压传动系统中使用的油管有钢管、铜管、橡胶管、塑料管和尼龙管等。钢管的强度大、刚性好，液压传动系统的高压部位应采用钢管；纯铜管装配时易弯曲成各种形状，但承载能力低，且易使油液氧化；橡胶软管适用于有相对运动部件之间的输油连接。	对照教材表7–11讲解油管和管接头的作用、类型 布置随堂练习	理解并掌握油管和管接头的作用、类型 分组完成随堂练习

【课堂小结】

1. 总结油箱的作用以及过滤器的作用、类型、结构、特点、应用和安装位置。
2. 总结压力表的作用以及油管和管接头的作用、类型。

§7-6　液压基本回路

一、教学目标

1. 掌握方向控制回路、压力控制回路的类型及工作原理。
2. 掌握速度控制回路、顺序动作回路的类型及工作原理。
3. 能正确分析不同类型的液压基本回路的工作原理。

二、教学重点

1. 方向控制回路、压力控制回路的类型及工作原理。
2. 速度控制回路、顺序动作回路的类型及工作原理。

三、教学难点

速度控制回路、顺序动作回路的类型及工作原理。

四、教学建议

1. 本节内容多，各种液压基本回路的工作过程比较抽象，学习难度非常大。建议教学过程中用视频演示不同液压基本回路的工作过程，用不同的颜色标记回路，对比讲解其工作原理，便于学生理解。

2. 教学过程中要坚持以教师为主导、学生为主体，注重讲练结合，引导学生对比分析，培养学生分析问题、解决问题的能力。

五、教学实施方案

教学内容	教师活动	学生活动
【教学引入】 液压传动系统都是由一些基本回路所组成的。基本回路是指由相关元件组成的具有某一特定功能的典型回路。常用的基本回路按功能不同分为方向控制回路、压力控制回路、速度控制回路和顺序动作控制回路。	视频展示液压基本回路，讲解液压基本回路的作用、类型及应用实例	观看视频，初步了解液压回路

续表

教学内容	教师活动	学生活动
一、方向控制回路（重点） 在液压传动系统中，控制执行元件的启动、停止（包括锁紧）及换向的回路称为方向控制回路。常见的方向控制回路有换向回路和锁紧回路。	讲解方向控制回路的作用	理解并掌握
1. 换向回路 执行元件的换向，一般可采用各种换向阀来实现。根据执行元件换向的要求不同，可以采用二位四通或五通、三位四通或五通等各种控制类型的换向阀进行换向。	视频展示采用换向阀的换向回路，结合教材图 7–34、图 7–35 讲解	观看视频，掌握换向回路的工作原理
2. 锁紧回路 为了使执行元件能在任意位置停留以及在停止工作时防止在受力的情况下发生移动，可以采用锁紧回路。	视频展示锁紧回路的工作原理，结合教材图 7–36、图 7–37 讲解	观看视频，掌握锁紧回路的工作原理
二、压力控制回路（重点） 利用压力控制阀来调节系统或其中某一部分压力的回路，称为压力控制回路。压力控制回路可以实现调压、减压、增压及卸荷等功能。	讲解压力控制回路的作用	对比方向控制回路理解
1. 调压回路 很多液压传动机械在工作时，要求系统的压力能够调节，以便与负载相适应，这样才能降低动力损耗，减少系统发热。调压回路的功用是使液压传动系统或某一部分的压力保持恒定或不超过某个数值。调压功能主要由溢流阀完成。	视频展示调压回路的工作原理，结合教材图 7–38 和溢流阀的作用讲解	观看视频，对照教材例图理解并掌握
2. 减压回路 在定量泵供油的液压传动系统中，溢流阀按主系统的工作压力进行调定。若系统中某个执行元件或某条支路所需要的工作压力低于溢流阀所调定的主系统压力时，就要采用减压回路。减压回路的功用是使系统中某一部分油路具有较低的稳定压力。减压功能主要由减压阀实现。	视频展示减压回路的工作原理，结合教材图 7–39 和减压阀的作用讲解	观看视频，对照教材例图理解并掌握

续表

教学内容	教师活动	学生活动
3. 增压回路 增压回路的功用是使系统中的局部油路或某个执行元件得到比主系统压力高得多的压力。 4. 卸荷回路 当液压传动系统中的执行元件停止工作时，应使液压泵卸荷。卸荷回路的功用是避免液压泵驱动电动机频繁启闭，让液压泵在接近零压的情况下运转，以减少功率损失和系统发热，延长液压泵和电动机的使用寿命。	视频展示采用增压液压缸的增压回路的工作原理，结合教材图 7–40 讲解 视频展示卸荷回路的工作原理，结合教材图 7–41、图 7–42 讲解	对照视频及教材例图，理解并掌握增压液压缸的增压原理 结合视频和教材例图，理解并掌握卸荷回路的工作原理
三、速度控制回路（重点、难点） 控制执行元件运动速度的回路称为速度控制回路。常见的有调速回路和速度换接回路。 1. 调速回路 调速回路就是用于调节工作行程速度的回路。 2. 速度换接回路 速度换接回路的功用是变换执行元件的工作行程速度，以满足工作的需要。	讲解速度控制回路的作用及类型 视频展示调速回路和速度换接回路的常用类型及应用特点，结合教材表 7–12、表 7–13 对比分析	分组讨论，理解并掌握 观看视频，理解并掌握速度控制回路的类型及应用特点
四、顺序动作控制回路（难点） 控制系统中执行元件动作先后次序的回路称为顺序动作控制回路。在液压传动的机械中，有些执行元件的运动需要按严格的顺序依次实现。例如，液压传动的机床要求先夹紧工件，然后使工作台移动进行切削加工，在液压传动系统中则采用顺序动作控制回路来实现。	视频展示顺序动作控制回路的工作过程、原理，并结合教材图 7–43 讲解	观看视频，对照教材例图理解并掌握
五、基本回路应用举例 图 7–44 所示为能实现“快进—工进一—工进二—快退—停止及泵卸荷”工作循环的液压回路，它包括了换向回路、调压回路、锁紧回路、回油节流调速回路、速度换接回路和卸荷回路，共六种基本回路。	视频展示切削机床液压回路的工作过程、原理，结合教材图 7–44 讲解	观看视频，理解并掌握“快进—工进一—工进二—快退—停止及泵卸荷”的液压回路
	布置随堂练习	分组完成练习

续表

教学内容	教师活动	学生活动
【课堂小结】 结合应用实例总结方向控制回路、压力控制回路速度控制回路和顺序动作回路的类型及工作原理。		

第八章 气压传动

学时分配表

教学单元	教学内容	学时
气压传动	§8-1　概述	2
	§8-2　气动元件	4
	§8-3　气动基本回路	2
合　　计		8

本章内容分析

1. 气压传动的概念、组成、工作原理和特点。
2. 气压传动元件的分类、结构、工作原理、特点和应用。
3. 气压传动基本回路的组成、工作原理、特点和应用实例。

§8-1　概述

一、教学目标

1. 掌握气压传动的工作原理。
2. 掌握气压传动系统的组成。
3. 了解气压传动的特点。

二、教学重点

1. 气压传动的工作原理及组成。

2. 气压传动的特点。

三、教学难点

气压传动的工作原理及组成。

四、教学建议

1. 气压传动概述是本章的基础，理论性和实践性都很强。课堂教学建议从现实生活中的实例引入，充分利用多媒体课件、教具、视频、图片、气压系统训练设备等进行直观展示，以便于加深学生的理解。

2. 教学过程中要坚持以教师为主导、学生为主体，突出气压传动的组成和应用特点，培养学生分析问题、解决问题的能力。

五、教学实施方案

教学内容	教师活动	学生活动
【教学引入】 气压传动与液压、机械、电气和电子技术一起，互相补充，已发展成为实现生产过程自动化的一个重要方面，在机械工业（如机器人）、轻纺食品工业、化工、交通运输、航空航天等各个行业已得到广泛的应用。	思考：日常生活中还有哪些设备应用了气动技术？与液压传动相比，它有哪些特点？	思考并回答
	视频展示	观看视频
一、气压传动的工作原理（重点） 气压传动是以压缩空气为动力的传动方式，它的工作原理是利用空气压缩机把电动机的机械能转化为空气的压力能，然后在控制下，通过执行元件把压力能转化为机械能，从而完成各种动作并对外做功。	对照教材图 8-1 分析气动平口钳气压传动系统的工作原理和组成（简要介绍各组成部分的作用）	分析并掌握
二、气压传动系统的组成（重点、难点） 气压传动系统主要是由气源装置、执行元件、控制元件和辅助元件组成的。	对照教材表 8-1 讲解气压传动系统的组成	理解并掌握

续表

教学内容	教师活动	学生活动
三、气压传动的特点 1. 气压传动的优点 （1）以空气为工作介质，提取方便，用后可排入大气，能源可储存，成本低廉。 （2）气体相对于液体而言其黏度要小得多，因此流动时能量损失小，便于集中供气和远距离输送。 （3）动作迅速，反应快，调节方便，维护简单，易于实现过载保护及自动控制。 （4）工作环境适应性强，在易燃、易爆、振动等环境下仍能可靠地工作。 （5）气动元件结构简单，质量轻，安装维护简单。 2. 气压传动的缺点 （1）由于空气具有可压缩性，气缸的动作速度受负载变化的影响较大。 （2）工作压力较低，气压传动不适用于重载系统。 （3）有较大的排气噪声。 （4）因空气无润滑性能，需另加给油装置提供润滑。 （5）气压传动系统存在泄漏现象，应尽可能减少泄漏。	对比液压传动，并结合应用实例讲解气压传动的优点 演示气压传动应用实例，帮助学生进一步理解 对比液压传动讲解气动传动的缺点 布置随堂练习 布置课后作业	分组讨论，对比液压传动掌握 对照课件和教材理解并掌握 同步分析并掌握 完成随堂练习 分组讨论完成
【课堂小结】 1. 总结气压传动的工作原理、组成、特点。 2. 进一步提出学习要求，课后多结合习题册练习巩固学习。		

§8-2 气动元件

一、教学目标

1. 掌握气源装置的作用及工作原理。
2. 掌握气压传动辅助元件的作用。
3. 掌握气压传动执行元件的工作原理。
4. 掌握气压传动控制元件的类型及工作原理。

二、教学重点

1. 气压传动动力部分和辅助部分的作用及工作原理。
2. 气压传动执行部分和控制部分的作用及工作原理。

三、教学难点

气压传动执行部分和控制部分的作用及工作原理。

四、教学建议

1. 气压元件是本章的重点，理论性和实践性都很强。建议课堂教学多采用比较法，对比液压传动的相关内容启发学生理解并掌握，充分利用多媒体课件、教具、视频、图片、气压系统训练设备等进行直观教学，以利于加深学生的理解。

2. 教学过程中要坚持以教师为主导、学生为主体，以气压传动的动力元件→辅助元件→执行元件→控制元件为主线，将各个知识点串联起来，引导学生对比液压传动理解并掌握，注重培养学生分析问题、解决问题的能力。

五、教学实施方案

教学内容	教师活动	学生活动
【教学引入】 **一、气源装置（重点）** 驱动各种气动设备进行工作的动力是由气源装置提供的。气源装置的主体是空气压缩机。由于空气压缩机产生的压缩空气所含的杂质较多，	视频展示空气压缩机及气源净化装置	观看视频

续表

教学内容	教师活动	学生活动
一般不能直接为设备所用，因此，通常所说的气源装置还包括气源净化装置。		
1. 空气压缩机		
空气压缩机是将机械能转换成气体压力能的装置。空气压缩机的种类很多，在气压传动系统中，一般多采用容积式空气压缩机。容积式空气压缩机是通过运动部件的位移，使密封容积发生周期性变化，从而完成对空气的吸入和压缩。	对照教材图 8–2，讲解空气压缩机的作用及工作原理	同步分析，理解并掌握
2. 气源净化装置		
在气压传动中使用的低压空气压缩机多用油润滑，由于它排出的压缩空气温度一般在 140 ~ 170℃，使空气中的水分和部分润滑油变成气态，易与吸入的灰尘混合，形成水汽、油气和灰尘等的混合杂质。常见的气源净化装置有后冷却器、油雾分离器、干燥器、储气罐等。	讲解气源净化装置的作用	分组交流，理解并掌握
（1）后冷却器：将空气压缩机排出的气体由 140 ~ 170℃降至 40 ~ 50℃，使压缩空气中的油雾和水汽迅速达到饱和，大部分析出并凝结成水滴和油滴，以便经油雾分离器排出。	对照教材图 8–3 讲解后冷却器的工作原理	对照教材例图理解并掌握
（2）油雾分离器（除油器）：分离并排除压缩空气中凝聚的水分、油分和灰尘等杂质。	对照教材图 8–4 讲解油雾分离器的工作原理和图形符号	对照课件和教材理解并掌握
（3）干燥器：进一步除去压缩空气中所含的水蒸气，主要方法有冷冻法和吸附法。	讲解干燥器的作用	理解并掌握
（4）储气罐：消除由于空气压缩机断续排气而对系统引起的压力波动，保证输出气流的连续性和平稳性；储存一定数量的压缩空气，以备发生故障或临时需要应急使用；进一步分离压缩空气中的油、水等杂质。	对照教材图 8–5 讲解储气罐的工作原理和图形符号	对比液压传动分析

续表

教学内容	教师活动	学生活动
二、气动三联件 从气源装置中输出并得到初步净化的压缩空气在进入车间后，一般还需经过气动三联件（又叫气源调节装置）后方能进入气动设备。气动三联件包括手动排水过滤器、减压阀、油雾器。它们是气压传动系统的辅助元件。	展示气动三联件	理解并掌握
1. 手动排水过滤器 进一步滤除压缩空气中的杂质。	视频展示手动排水过滤器的工作原理	观看视频，理解并掌握
2. 减压阀 由空气压缩机输出的压缩空气，其压力通常都高于每台设备和装置所需的工作压力，且压力波动也较大，因而需要用调节压力的减压阀来降压，使其输出压力与每台气动设备和装置实际需要的压力一致，并保持该压力值的稳定。	演示减压阀应用实例，帮助学生进一步理解	对照课件和教材理解并掌握
3. 油雾器 油雾器的作用是将润滑油雾化，并随压缩空气一起进入被润滑部位。	讲解油雾器应用实例，帮助学生进一步理解	同步分析并掌握
三、气缸与气动马达（重点、难点） 气动执行元件是将压缩空气的压力能转换为机械能的元件。它驱动机构做直线往复运动、摆动或回转运动，输出力或转矩。气动执行元件可分为气缸和气动马达。	对比液压传动讲解气动执行元件的作用及类型：气缸和气动马达	对照课件及教材例图理解并掌握
1. 气缸 气缸的种类很多，常用的有单作用气缸和双作用气缸。单作用气缸只有一个方向的运动依靠压缩空气，活塞的复位靠弹簧力或重力；双作用气缸的活塞往返全都依靠压缩空气来完成。	对照教材图8-10、图8-11，对比液压缸讲解单作用单杆气缸、双作用单杆气缸的工作过程	对比掌握两种气缸的工作原理
2. 气动马达 气动马达是将压缩空气的压力能转换为机械能的能量转换装置，其作用相当于电动机或液压马达，即输出转矩驱动机构做旋转运动。	对比讲解气动马达的作用及工作原理	

续表

教学内容	教师活动	学生活动
四、气动控制阀（重点、难点） 1. 方向控制阀		
（1）单向阀 单向阀用来控制气流方向，使之只能向一个方向流动。	讲解方向控制阀的类型、工作原理、图形符号	对照课件和教材，对比液压方向控制阀理解并掌握
（2）换向阀 换向阀的作用就是通过改变压缩空气的流动方向，从而改变执行元件的运动方向。	对照教材图8–13，讲解单向阀	讨论交流，对比理解并掌握
2. 气动逻辑元件 （1）梭阀：具有“逻辑或”功能，多用于手动与自动控制并联回路中。 （2）双压阀：能实现“逻辑与”功能。	对照教材图8–14、图8–15讲解梭阀和双压阀的工作原理	同步分析，对照例图理解并掌握
3. 压力控制阀 气动系统中调节和控制压力大小的控制元件称为压力控制阀，主要包括减压阀、顺序阀、溢流阀等。	对照教材表8–2对比液压阀讲解压力控制阀的类型、作用、图形符号	对照教材表8–2理解并掌握
4. 流量控制阀 流量控制阀是通过改变阀的通流面积来调节压缩空气的流量，从而控制气缸运动速度、换向阀的切换时间和气动信号传递速度。常用的有单向节流阀和排气节流阀等。	对照教材图8–17讲解排气节流阀的原理	对照教材例图理解并掌握
	布置随堂练习	分组完成练习
【课堂小结】 1. 结合应用实例总结气源装置气压传动辅助元件的作用及工作原理。 2. 对比液压传动归纳总结气压传动执行元件、气压传动控制元件的类型及工作原理。		

§8-3　气动基本回路

一、教学目标

1. 掌握方向控制回路、压力控制回路的作用及工作原理。
2. 掌握速度控制回路、其他常用气压回路的工作原理。
3. 掌握不同气压传动回路的作用及工作原理。

二、教学重点

1. 方向控制回路、压力控制回路的作用及工作原理。
2. 速度控制回路、其他常用气压回路的工作原理。

三、教学难点

速度控制回路、其他常用气压回路的工作原理。

四、教学建议

1. 气压基本回路是本章的难点，理论性和实践性都很强。建议课堂教学采用比较法，对比液压基本回路的内容启发学生理解并掌握，充分利用多媒体课件、教具、视频、图片、气压系统训练设备等进行直观教学，以利于加深学生的理解。

2. 教学过程中要坚持以教师为主导、学生为主体，以方向控制回路→压力控制回路→速度控制回路→其他常用气动回路→基本回路应用举例为主线，将各个知识点串联起来，引导学生对比液压基本回路理解并掌握，并注重培养学生分析问题、解决问题的能力。

五、教学实施方案

教学内容	教师活动	学生活动
【教学引入】 气动基本回路是指由有关气动元件组成的，能完成某种特定功能的气动回路。按功能分，主要有方向控制回路、压力控制回路、速度控制回路等。	视频展示气动基本回路及其类型	观看视频，初步了解气动回路

续表

教学内容	教师活动	学生活动
一、方向控制回路（重点） 方向控制回路是用气动换向阀控制压缩空气的流动方向，来实现控制执行机构运动方向的回路，简称换向回路。	对照教材图 8–18 讲解方向控制回路	理解并掌握
二、压力控制回路（重点） 对系统压力进行调节和控制的回路称为压力控制回路。	讲解压力控制回路的作用	理解并掌握
1. 一次压力控制回路 一次压力控制回路采用溢流阀控制气罐的压力。当气罐的压力超过规定压力值时，溢流阀接通，空气压缩机输出的压缩空气由溢流阀排入大气，使气罐内的压力保持在规定的范围内。	对照教材图 8–19 讲解一次压力控制回路的工作原理	对照教材例图理解并掌握
2. 二次压力控制回路 二次压力控制回路的作用是使系统保持正常的工作，维持稳定的性能，从而达到安全、可靠、节能的目的。从空气压缩机出来的压缩空气经手动排水过滤器、减压阀、油雾器后，供给气动设备使用。通过调节减压阀获得所需的工作压力。	对照教材图 8–20 讲解二次压力控制回路的作用及工作原理	对照课件和教材例图同步分析，理解并掌握
3. 高低压转换回路 高低压转换回路的原理是采用两个减压阀调定两种不同的压力 p_1、p_2，再由二位三通阀转换，以满足气动设备所需的高压或低压要求。	对照教材图 8–21 讲解高低压转换回路的工作原理	对照课件和教材理解并掌握
三、速度控制回路（重点、难点） 速度控制回路是利用流量控制阀来改变进排气管路的通流面积，实现调节或改变执行元件工作速度的目的。 1. 单作用单杠气缸速度控制回路	对比液压速度控制回路，讲解速度控制回路的作用	分析并掌握
回路可以进行双向速度调节，采用快速排气阀可实现快速返回，但返回速度不能调节。	对照教材图 8–22 讲解单作用单杠气缸	对照课件和教材例图，理

续表

教学内容	教师活动	学生活动
	速度控制回路的工作原理	解并掌握
2. 双作用单杠气缸速度控制回路 进口节流调速回路：活塞的运动速度依靠进气侧的单向节流阀进行调节。此回路承载能力大，但不能承受负值负载，运动平稳性差，受外载荷变化影响大。其适用于对速度稳定性要求不高的场合。 出口节流调速回路：活塞的运动速度依靠排气侧的单向节流阀进行调节，运动平稳性好，可承受负值负载，受外载荷变化影响小。	对照教材图 8–23，对比讲解进、出口节流调速回路	对照课件和教材理解并掌握
四、其他常用气动回路（重点） 1. 气液联动回路 在气动回路中，采用气液转换器后，就相当于把气压传动转换为液压传动，这就使执行元件的速度调节更加稳定，运动也更平稳。若采用气液增压回路，则还能得到更大的推力。气液联动回路装置简单，经济可靠。	展示其他常用气动回路 结合应用实例，帮助学生进一步理解	对照课件和教材理解并掌握 对照课件和教材例图同步分析，理解并掌握
（1）气液速度控制回路 如图 8–24 所示，利用气液转换器 1、2 将气压变成液压，利用液压油驱动液压缸 3，从而得到平稳易控制的活塞运动速度，调节节流阀的开度，就可以改变活塞的运动速度。这种回路充分发挥了气动系统供气方便和液压传动系统速度容易控制的特点。必须指出的是气液转换器中储油量应不少于液压缸有效容积的 1.5 倍，同时需注意气液结构间的密封，以避免气体混入油中。	对照教材图 8–24，讲解气液速度控制回路中油气转换的工作原理	对照课件及教材例图，理解并掌握
（2）气液增压回路 当工作时既要求工作平稳，又要求有很大的推力时，可用气液增压回路，如图 8–25 所示。利用气液增压缸 1 把较低的气压变为较高的液	对照教材图 8–25，讲解气液增压回路的作用及工作原理	同步分析，对照例图理解并掌握

续表

教学内容	教师活动	学生活动
压。该回路中用单向节流阀调节气液缸 2 的前进（右行）速度，返回时用气压驱动，通过单向阀回油，故能快速返回。 2. 往复动作回路 气动系统中采用往复动作回路可提高自动化程度。常用的往复动作回路有单往复动作回路和连续往复动作回路两种。	讲解往复动作回路的作用	
（1）单往复动作回路 如图 8–26 所示为行程阀控制的单往复动作回路，当按下换向阀 1 的手动按钮后，压缩空气使换向阀 3 切换至左位，活塞杆向右伸出（前进），当活塞杆上的挡铁碰到行程阀 2 时，换向阀 3 又被切换到右位，活塞返回。在单往复动作回路中，每按下一次按钮，气缸就完成一次往复动作。	对照教材图 8–26 讲解单往复动作回路的工作原理	
（2）连续往复动作回路 如图 8–27 所示连续往复动作回路，它能完成连续的动作循环。当按下换向阀 1 的按钮后，换向阀 4 换向，活塞向右运动。这时，由于行程阀 3 复位而将气路封闭，使换向阀 4 不能复位，活塞继续右行。到行程终点压下行程阀 2 后，使换向阀 4 控制气路排气，在弹簧作用下换向阀 4 复位，气缸返回，在终点压下行程阀 3，在控制压力下换向阀 4 又被切换至左位，活塞再次右行。就这样一直连续往复，直至提起换向阀 1 的按钮后，换向阀 4 复位，活塞返回而停止运动。	对照教材图 8–27 对比讲解连续往复动作回路的工作原理	对照教材图 8–27 理解并掌握
3. 安全保护回路 （1）过载保护回路 如图 8–28 所示为过载保护回路，当活塞杆在伸出途中遇到故障或其他原因使气缸过载时，其活塞能自动返回。	对照教材图 8–28 讲解过载保护回路的工作原理	对照课件和教材理解并掌握

续表

教学内容	教师活动	学生活动
（2）双手操作回路 双手操作回路就是使用两个启动用的推压控制阀，只有同时按动这两个阀时才动作的回路。这在锻压、冲压设备中常用来避免误动作，以保护操作者的安全及设备的正常工作。	对照教材图 8–29 讲解双手操作回路的工作原理	同步分析，对照例图理解并掌握
五、基本回路应用举例 图 8–30 所示为气动灌装机及其气动控制原理图，动作要求是当把需灌装的瓶子放在工作台上后，脚踩下启动按钮，气缸活塞杆前伸开始灌装；当灌装完毕后气缸活塞杆快速自动回退，准备第二次灌装。	对照教材图 8–30 讲解气动灌装机各种回路的工作过程及其原理 布置随堂练习	同步分析，对照例图理解并掌握 分组讨论，完成随堂练习
【课堂小结】 1. 结合应用实例归纳总结方向控制回路、压力控制回路的作用及工作原理。 2. 总结速度控制回路、其他常用气压回路的工作原理，引导学生通过对比两种回路的异同点以分别掌握其特点。		

第九章 机械加工基础

学时分配表

教学单元	教学内容	学时
机械加工基础	§9-1　车削	4
	§9-2　铣削	2
	§9-3　磨削	3
	§9-4　刨削	1
	§9-5　镗削	1
	§9-6　钳加工	3
	§9-7　数控加工	2
合　计		16

本章内容分析

1. 车床、铣床、磨床、刨床、镗床的主要结构、工作原理、刀具、加工范围、加工特点。

2. 钳加工设备、工具、加工方法及加工特点。

3. 数控机床的组成、工作过程、主要类型及加工特点。

§9-1　车削

一、教学目标

1. 掌握车床的外形、主要部件及其功用。

2. 了解车削运动、车床通用夹具和车刀。

3. 掌握车削的加工范围及特点。

二、教学重点

1. 车床的外形、主要部件及其功用。

2. 车削的加工范围及特点。

三、教学难点

1. 车床的外形、主要部件及其功用。

2. 车削的加工范围及特点。

四、教学建议

1. 车削加工是机械加工的基础，加工范围主要是轴套类回转体，车削加工内容多，学习难度大。课堂教学要充分利用多媒体课件，将重点放在车削运动、车床通用夹具、车刀、车削加工范围及特点上，结合生活中的应用实例，帮助学生理解并掌握。

2. 教学过程中要坚持以教师为主导、学生为主体，以车削的设备类型→切削运动→加工内容→加工方法→加工特点为主线，提高学生的学习能力，并培养学生分析问题、解决问题的能力。

五、教学实施方案

教学内容	教师活动	学生活动
【教学引入】 车削是在车床上利用工件的旋转运动和刀具的直线进给运动，改变毛坯形状和尺寸，将其加工成所需零件的一种切削加工方法。	视频展示车削加工的过程	观看视频，理解并掌握
一、车床（重点） 车床的种类很多，主要有仪表车床、单轴自动车床、多轴自动和半自动车床、回轮车床、轮塔车床、立式车床、落地及卧式车床、仿形及多刀车床等，其中卧式车床应用最广泛。	对照教材图 9–1 介绍车床的类型及基本构造	观看课件和视频理解并掌握
1. CA6140 型卧式车床的外形。 2. CA6140 型卧式车床的主要部件及其功用。	讲解车床的主要部件及功用	分析并掌握

续表

教学内容	教师活动	学生活动
主轴箱、交换齿轮箱、进给箱、溜板箱、刀架部分、尾座、床身、照明及切削液供给装置。 **二、车削运动（重点、难点）** 车削运动是车床为了形成工件表面而进行的刀具和工件的相对运动。车削运动分为主运动和进给运动。	视频展示车削运动	观看视频，理解掌握
1. 主运动 车床的主运动就是工件的旋转运动，主运动是实现切削最基本的运动，它的运动速度较高，消耗功率较大。 2. 进给运动	以车削外圆时的运动为例，进一步分析主运动和进给运动	结合实例分析
车床的进给运动就是刀具的移动。刀具做平行于车床导轨的纵向进给运动（如车外圆柱表面），或做垂直于车床导轨的横向进给运动（如车端面），也可做与车床导轨成一定角度方向的斜向运动（如车圆锥面）或做曲线运动（如车成形曲面）。进给运动的速度较低，所消耗的功率也较少。 **三、车床通用夹具（重点）**	展示车端面、车圆锥面实例	对照课件和教材理解并掌握
用以装夹工件（和引导刀具）的装置称为夹具。车床夹具有通用夹具和专用夹具两类。车床的通用夹具一般作为车床附件供应，且已经标准化。常见的车床通用夹具有卡盘、顶尖、拨盘和鸡心夹头等。	讲解车床夹具的概念及类型，视频展示各车床夹具	小组交流讨论
1. 卡盘 2. 顶尖、拨盘和鸡心夹头 **四、车刀（重点）**	举例讲解车床通用夹具的应用	
车削时，需根据不同的车削要求选用不同种类的车刀。根据车刀的形状及车削加工内容，常用车刀分为90°车刀、75°车刀、45°车刀、切断刀、内孔车刀、成形车刀和螺纹车刀等。	展示不同类型的车刀实物，视频展示车刀的用途	观看实物和视频，结合教材理解并掌握

续表

<table>
<tr><th>教学内容</th><th>教师活动</th><th>学生活动</th></tr>
<tr><td>五、车削的加工范围及特点（重点、难点）
1. 车削的加工范围（见表 9–2）

2. 车削的特点</td><td>结合教材表 9–2 举例讲解车削的加工范围并用视频展示
讲解车削的特点

布置随堂练习</td><td>观看视频，结合教材表 9–2 掌握
掌握车削的特点
分组完成练习</td></tr>
<tr><td colspan="3">【课堂小结】
1. 车削是机械加工中最重要的加工方法之一，本节应重点认识车床的结构，了解车床通用夹具和各类型的车刀，掌握其主要功能、加工范围和特点。
2. 车削是工件旋转做主运动，车刀移动做进给运动的切削加工方法，其应用最为广泛，主要用于加工各种内、外回转表面。</td></tr>
</table>

§9-2　铣削

一、教学目标

1. 掌握铣床的外形、主要部件及其功用。
2. 了解铣削运动、铣削加工中工件的装夹和铣刀。
3. 掌握铣削的加工范围及特点。

二、教学重点

1. 铣床的外形、主要部件及其功用。
2. 铣削的加工范围及特点。

三、教学难点

1. 铣床的外形、主要部件及其功用。
2. 铣削的加工范围及特点。

四、教学建议

1. 铣削加工的范围主要是箱体类零件，和车削完全不同，学习难度较大。课堂教学要充分利用视频以加深学生的理解。教学中应把重点放在铣削运动、工件的装夹、铣刀、铣削加工范围及特点。

2. 教学过程中要坚持以教师为主导、学生为主体，以铣削的设备类型→切削运动→加工内容→加工方法→加工特点为主线，提高学生的学习能力，并培养学生分析问题、解决问题的能力。

五、教学实施方案

教学内容	教师活动	学生活动
【教学引入】 铣削是在铣床上使用多刀刃的铣刀进行切削的一种加工方法，铣削是加工平面和键槽的主要方法之一。	视频展示铣削加工的过程	观看视频

续表

教学内容	教师活动	学生活动
一、铣床（重点） 铣床种类很多，常用的有卧式升降台铣床、立式升降台铣床、万能工具铣床和龙门铣床等。铣床主要由主轴、工作台、滑鞍、升降台、主轴变速机构、进给变速机构、床身、底座等组成。	根据教材图9-7介绍铣床的类型及基本构造，并分析铣削的主运动和进给运动	掌握铣削时铣刀的旋转运动为主运动，铣刀的移动，或工件的移动、转动为进给运动
二、铣床附件及配件（重点） 铣床上常用的附件及配件有万能铣头、机用虎钳、回转工作台、万能分度头、铣刀杆、端铣刀盘、铣夹头、锥套等。	对照教材表9-3讲解铣床上常用的附件及配件的结构、用途	理解并掌握
三、铣刀（重点） 铣床所用刀具可分为端铣刀、立铣刀、键槽铣刀、圆柱铣刀、三面刃铣刀、锯片铣刀、齿轮铣刀等。	视频展示铣刀的结构，并结合教材表9-4讲解铣刀的结构和用途	观看视频，理解并掌握
四、工件的装夹（难点） 铣削加工中，工件的装夹非常重要，装夹方法也很多，根据工件的类型和数量多少，大体可分为机用虎钳装夹、压板和螺栓装夹、分度头装夹、专用夹具装夹四类。	对照教材表9-5讲解铣削的装夹方法，并引导学生对比车削的装夹方法掌握	结合实例分析并掌握
五、铣削的加工范围与特点（重点） 1. 铣削的加工范围 在铣床上使用各种不同的铣刀可以完成平面（平行面、垂直面、斜面）、台阶、槽（直角沟槽、V形槽、T形槽、燕尾槽等）、特形面和切断等加工，配以分度头等铣床附件还可以完成花键轴、齿轮、螺旋槽等加工，在铣床上还可以进行钻孔、铰孔和镗孔等工作。	对照教材表9-6讲解铣削的加工范围 引导学生对比车削加工范围掌握铣削加工的范围	对照课件和教材理解并掌握 分组讨论

续表

教学内容	教师活动	学生活动
2. 铣削的特点 （1）铣削在金属切削加工中是仅次于车削的加工方法。主运动是铣刀的旋转运动，切削速度较高，除加工狭长平面外，其生产效率均高于刨削。 （2）铣削时，切削力是变化的，会产生冲击或振动，影响加工精度和工件表面粗糙度。 （3）铣削加工具有较高的加工精度，其经济加工精度一般为 IT9 ~ IT7，表面粗糙度值一般为 Ra12.5 ~ 1.6 μm。精细铣削精度可达 IT5，表面粗糙度值可达到 Ra0.2 μm。 （4）铣削特别适合形状复杂的组合体零件的加工，在模具制造等行业中占有重要地位。	联系前面所学知识讲解铣削加工的特点 举例讲解铣削的特点 展示铣削的加工精度 视频展示复杂的组合体零件的铣削加工 布置随堂练习	理解并掌握 观看实物和视频，结合教材理解并掌握 联系前面所学知识理解并掌握 分组完成练习
【课堂小结】 铣削的应用仅次于车削，是加工平面的主要方法之一。铣削在平面、槽、台阶及各种特形曲面的加工中有着其他加工方法无法比拟的优势。		

§9-3 磨削

一、教学目标

1. 掌握磨床的类型、外形、主要部件及其功用。
2. 掌握磨削运动和砂轮的组成、型号和用途。
3. 掌握磨削的加工范围及特点。

二、教学重点

1. 磨床的类型、外形、主要部件及其功用。
2. 磨削运动、砂轮、磨削的加工范围及特点。

三、教学难点

1. 磨床的类型、外形、主要部件及其功用。
2. 磨削运动、砂轮、磨削的加工范围及特点。

四、教学建议

1. 磨削加工属于机械加工中的精加工，机床类型多，学习难度大。课堂教学要充分利用数字资源以加深学生的理解。教学中应把重点放在磨床的类型、磨削运动、磨削加工范围及特点上。

2. 教学过程中要坚持以教师为主导、学生为主体，以磨床的类型→磨削运动→加工内容→加工方法→加工特点为主线，提高学生的学习能力，并培养学生分析问题、解决问题的能力。

五、教学实施方案

教学内容	教师活动	学生活动
【教学引入】 磨削是用磨具以较高的切削速度对工件表面进行加工的方法。磨具是以磨料为主制造而成的一类切削工具，以砂轮为磨具的普通磨削应用最为广泛。	视频展示磨削加工的过程 磨削加工范围非常广，可逐一展示不同的加工	观看视频，对比不同类型的磨削

续表

教学内容	教师活动	学生活动
一、磨床（重点、难点） 磨床的种类很多，目前生产中应用最多的有外圆磨床、内圆磨床、平面磨床和工具磨床等。 1. 外圆磨床：外圆磨床主要用于磨削圆柱形和圆锥形外表面。 （1）外圆磨床的结构 （2）主运动和进给运动 2. 平面磨床：平面磨床是主要用于磨削工件平面的磨床。 （1）平面磨床的结构 （2）主运动和进给运动	对照教材图 9–10、图 9–11、图 9–12 介绍外圆磨床和平面磨床，分析磨削的主运动和进给运动 分别举例讲解磨削外圆和平面	观看课件和视频理解并掌握 对比车床理解外圆磨床、平面磨床的主运动和进给运动
二、砂轮 1. 砂轮的组成 砂轮是用各种类型的黏结剂把磨料黏结起来，经压坯、干燥、烧制及车整而成的磨削工具，它由磨料、黏结剂和气孔三部分组成。	对照教材图 9–14 讲解砂轮的组成	理解并掌握
2. 砂轮的型号和用途 根据磨床的结构及磨削的加工需要不同，砂轮有各种不同的型号。	对照教材表 9–7 讲解常用砂轮的型号、用途并举例	对照课件和教材理解并掌握
三、磨削的主要加工内容（重点） 磨削在各类磨床上实现。	对照教材表 9–8 讲解磨削的主要加工内容	理解并掌握
四、磨削的工艺特点（重点、难点） 1. 磨削速度高：磨削时，砂轮高速回转，具有很高的切削速度。 2. 磨削温度高：磨削时，砂轮对工件表面除有切削作用外，还有强烈的摩擦作用，产生大量热量。 3. 能获得很高的加工质量：磨削可获得很高的加工精度，其经济加工精度为 IT7 ~ IT6；	联系前面所学知识讲解磨削加工的特点 举例讲解磨削加工的特点 展示磨削的加工精度	结合教材掌握

续表

教学内容	教师活动	学生活动
磨削可获得很小的表面粗糙度值（Ra 0.8 ~ 0.2 μm），因此磨削被广泛用于工件的精加工。 4. 磨削范围广：砂轮可以磨削硬度很高的材料，如淬硬钢、高速钢、钛合金、硬质合金以及非金属材料（如玻璃、陶瓷）等。 5. 少切屑：磨削是一种少切屑加工方法，一般背吃刀量较小，在一次行程中所能切除的材料层较薄，因此，金属切除效率较低。	讲解磨削具有加工范围广、少切屑、砂轮在磨削中具有自锐作用的特点并用视频展示	观看视频，结合教材掌握
6. 砂轮在磨削中具有自锐作用：磨削时，部分磨钝的磨粒在一定条件下能自动脱落或崩碎，从而露出新的磨粒，使砂轮能保持良好的磨削性能，这一现象称为“自锐作用”。	布置随堂练习	分组讨论，完成随堂练习

【课堂小结】

磨削时所用的砂轮可以视为带有无数细微刀齿的铣刀，所以磨削是一种微屑切削的精加工方法。磨削应用范围极广，凡车削、铣削所能完成的工作内容，一般都可以通过磨削进行精加工。

§9-4　刨削

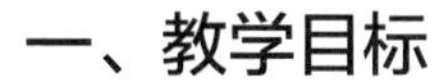

一、教学目标

1. 掌握刨床的结构、加工范围。
2. 掌握刨削的工艺特点和刨刀的类型。

二、教学重点

1. 刨床的结构、加工范围。
2. 刨削的工艺特点和刨刀的类型。

三、教学难点

刨削的加工范围、工艺特点和刨刀的类型。

四、教学建议

1. 刨床类型少，加工范围相对有限，学习难度不大。课堂教学要充分利用多媒体课件以加深学生的理解。

2. 教学过程中要坚持以教师为主导、学生为主体，以刨床→加工范围→工艺特点→刨刀为主线，可引导学生通过自主学习掌握，并培养学生分析问题、解决问题的能力。

五、教学实施方案

教学内容	教师活动	学生活动
【教学引入】 刨削是刨刀相对工件做水平方向直线往复运动的切削加工方法。刨削时，刨刀（或工件）的直线往复运动是主运动，工件（或刨刀）在垂直于主运动方向的间歇移动是进给运动。	视频展示刨削加工的过程，明确主运动和进给运动	观看视频，初步了解刨削
一、刨床（重点） 刨床分为牛头刨床、龙门刨床（包括悬臂刨床）等，其中最为常见的为牛头刨床，它由床身、滑枕、刀架、横梁、工作台等主要部件组成。	对照教材图 9–16 讲解牛头刨床的结构	观看课件，理解并掌握

续表

教学内容	教师活动	学生活动
二、刨削的加工范围（重点） 刨削可以加工平面（水平面、垂直面、斜面）、台阶、槽、曲面等。 **三、刨削的工艺特点（重点）**	结合教材表 9–9 举例讲解刨削的加工范围	同步分析并掌握
1. 刨削的主运动是直线往复运动，在空行程时做间歇进给运动。由于刨削过程中无进给运动，因此刀具的切削角不变。 2. 刨床结构简单，调整操作都较方便；刨刀为单刃工具，制造和刃磨较容易，价格低廉。因此，刨削生产成本较低。 3. 由于刨削的主运动是直线往复运动，刀具切入和切离工件时有冲击负载，因而限制了切削速度的提高，此外，还存在空行程损失，故刨削生产效率较低。	结合教材表 9–9 举例讲解刨削的工艺特点	结合实例分析
4. 刨削的加工精度通常为 IT9 ~ IT7，表面粗糙度值为 Ra 12.5 ~ 1.6 μm；采用宽刃刀精刨时，加工精度可达 IT6，表面粗糙度值可达 Ra 0.8 ~ 0.2 μm。 **四、刨刀（重点、难点）**	对比讲解刨削的加工精度	对照课件和教材，理解并掌握
刨刀属单刃刀具，其几何形状与车刀大致相同，由于刨削为断续切削，每次切入工件时，刨刀都要承受较大的冲击力，因此其截面尺寸一般为车刀的 1.25 ~ 1.5 倍，并采用较大的负刃倾角（–20° ~ –10°），以提高切削刃抗冲击载荷的能力。刨刀采用弯头结构，以避免“扎刀”和回程时损坏已加工表面。	对照教材图 9–17 讲解不同类型的刨刀，并举例说明 布置随堂练习	结合教材和实例分析 分组讨论，将刨削与其他加工方法进行对比，完成随堂练习
【课堂小结】 刨削所需的机床、刀具结构简单，制造安装方便，调整容易，通用性强。因此，在单件、小批量生产中，特别是加工狭长平面时被广泛应用。		

§9-5　镗削

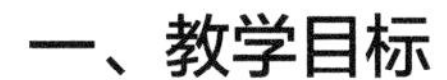

一、教学目标

1. 掌握镗床的类型、结构、加工范围。
2. 掌握镗削的工艺特点和镗刀的类型。

二、教学重点

1. 镗床的类型、结构、加工范围。
2. 镗削的工艺特点和镗刀的类型。

三、教学难点

镗床的类型、结构以及镗削的加工范围和工艺特点。

四、教学建议

1. 镗床类型少，加工范围相对有限，学习难度不大。课堂教学要充分利用多媒体课件以加深学生的理解。

2. 教学过程中要坚持以教师为主导、学生为主体，以镗床的类型、结构→加工范围→工艺特点→镗刀为主线，引导学生通过自主学习掌握，并培养学生分析问题、解决问题的能力。

五、教学实施方案

教学内容	教师活动	学生活动
【教学引入】 镗削是一种用刀具扩大孔或其他圆形轮廓的内径的切削工艺，镗刀的旋转为主运动、工件或镗刀的移动为进给运动。镗削时，工件被装夹在工作台上，镗刀用镗刀杆或刀盘装夹，由主轴带动回转做主运动，主轴在回转的同时做轴向移动，以实现进给运动。 **一、镗床（重点、难点）** 镗床可分为卧式铣镗床、立式镗床、坐标镗	视频展示镗削加工的过程，明确主运动和进给运动	观看视频，初步了解镗削

续表

教学内容	教师活动	学生活动
床和精镗床等。 1. 卧式铣镗床 镗轴水平布置，并可轴向进给，主轴箱沿前立柱导轨垂直移动，能进行铣削的镗床称为卧式铣镗床。卧式铣镗床是镗床中应用最广泛的一种，具有刚度好、加工精度及加工效率高、稳定性好、横向行程长、承载量大、能强力切削等特点。卧式铣镗床特别适用于对较大平面的镗、铣以及对较大箱体类零件及孔系的精加工。除可进行钻、镗、扩、铰孔外，还可利用多种附件进行车、铣等加工。	对照教材图 9–19 讲解卧式铣镗床的结构 结合应用实例，讲解卧式铣镗床的应用特点	同步分析并掌握 结合实例分析
2. 坐标镗床 具有精密坐标定位装置的镗床称为坐标镗床。坐标镗床是一种高精度机床，刚度和抗振性很好，还具有工作台、主轴箱等运动部件的精密坐标测量装置，能实现工件和刀具的精密定位。因此，坐标镗床加工的尺寸精度和几何精度都很高。坐标镗床主要用于单件小批量生产条件下对夹具的精密孔、孔系和模具零件的加工，也可用于成批生产时对各类箱体、缸体等的精密孔系进行加工。	对照教材图 9–20 讲解坐标镗床的结构 结合应用实例，讲解坐标镗床的应用特点	对比卧式铣镗床理解 对照课件和教材，理解并掌握
二、镗削的加工范围（重点、难点） 镗削主要用于加工箱体、支架和机座等工件上的圆柱孔、螺纹孔、孔内沟槽和端面。	对照教材表 9–10 讲解镗削的加工范围	结合课件和教材例图，理解并掌握镗削的加工范围
三、镗削的工艺特点（重点） 镗刀结构简单，刃磨方便，成本低；镗削可以方便地加工直径很大的孔及孔系；镗床多种部件能实现进给运动，因此，工艺适应能力强，能加工形状多样、大小不一的表面；镗孔可修正上一工序所产生的孔的轴线位置误差，保证孔的位置精度。	对比其他切削加工方法，讲解镗削的工艺特点	对照课件和教材，理解并掌握

续表

教学内容	教师活动	学生活动
四、镗刀（重点） 镗刀一般是圆柄的，工件较大时可使用方刀柄。镗刀可分为单刃镗刀和双刃镗刀两类。单刃镗刀切削部分的形状与车刀相似。双刃镗刀按刀片在镗杆上浮动与否分为定装镗刀和浮动镗刀。	对比其他切削刀具，讲解镗刀的类型及应用 布置随堂练习	观看实物，分析并掌握镗刀的结构 分组讨论，对比其他加工方法，完成随堂练习
【课堂小结】 镗削可保证平面、孔、槽的垂直度、平行度等，可保证同轴孔的同轴度，可在一次装夹下加工相互垂直、平行的孔和平面。		

§9-6 钳加工

一、教学目标

1. 掌握錾削、锯削、锉削的加工方法及应用。
2. 掌握常用钻床及孔加工的工艺知识。
3. 掌握攻螺纹和套螺纹的工艺知识。
4. 掌握钳加工的加工范围及工艺知识。

二、教学重点

1. 锯削、锉削的加工方法及应用。
2. 常用钻床及孔加工的工艺知识。
3. 攻螺纹和套螺纹的工艺知识。

三、教学难点

1. 锯削、锉削的加工方法及应用。
2. 常用钻床及孔加工的工艺知识。
3. 攻螺纹和套螺纹的工艺知识。

四、教学建议

1. 钳加工的知识点较多，在日常生产、生活中应用非常广泛，但学习难度不大，课堂教学要充分利用多媒体课件，以加深学生的理解。

2. 教学过程中要坚持以教师为主导、学生为主体，以錾削、锯削、锉削的加工方法及应用→常用钻床及孔加工的工艺知识→攻螺纹和套螺纹的工艺知识为主线，引导学生积极思考、主动学习，并培养学生分析问题、解决问题的能力。

五、教学实施方案

教学内容	教师活动	学生活动
【教学引入】 钳加工在日常生产、生活中应用非常广泛，如錾削、锯削、锉削、钻孔等。	视频展示钳加工的过程	观看视频，初步了解钳加工

续表

教学内容	教师活动	学生活动
一、錾削、锯削与锉削（重点） 1. 錾削 用锤子打击錾子对金属工件进行切削加工的方法称为錾削。錾削是一种粗加工，目前主要用于不便于机床加工或机床加工不经济的场合，如去除毛坯上的毛刺、分割材料、錾削沟槽及油槽等。	结合教材图 9–24 讲解錾削的方法及其应用	理解并掌握
2. 锯削 用手锯对材料或工件进行切断或切槽的加工方法称为锯削。锯削是一种粗加工方式，平面度一般可控制在 0.5 mm 之内。它具有操作方便、简单、灵活、不受设备和场地限制等特点，应用广泛。	结合教材图 9–25 讲解锯削的方法及其应用	理解并掌握
3. 锉削 用锉刀对工件表面进行切削加工，使工件达到所要求的尺寸、形状和表面粗糙度值的操作方法称为锉削。锉削一般是在錾、锯削之后对工件进行的精度较高的加工。锉削的应用范围较广，可以去除工件上的毛刺，锉削工件的内外表面、各种沟槽和形状复杂的表面，还可以制作样板以及对零件的局部进行修整等。	结合教材图 9–26 讲解锉削的方法及其应用，并举例说明	结合实例分析
二、钻床和孔加工（重点、难点） 1. 钻床 钻床指主要用钻头在工件上加工孔的机床。通常钻头旋转为主运动，钻头轴向移动为进给运动。钻床结构简单，加工精度相对较低，可钻通孔、盲孔，更换特殊刀具后可扩孔、锪孔、铰孔或攻螺纹等。加工过程中工件不动，让刀具移动，将刀具中心对正孔中心，并使刀具转动（主运动）。 钻床分为台式钻床、立式钻床和摇臂钻床等，其中台式钻床（简称台钻）最常用。钻头的旋	视频展示钻床的结构 对照教材图 9–27 讲解钻床的结构、工作原理，明确主运动和进给运动	观看视频 对照课件和教材例图，理解并掌握

续表

教学内容	教师活动	学生活动
转运动由电动机带动，钻头的升降通过旋转进给手柄完成。 2. 孔加工		
（1）钻孔：用麻花钻在实体材料上加工孔的方法称为钻孔（也称钻削）。麻花钻是孔加工的主要刀具，一般用高速钢制成。它分直柄和锥柄两种。	对照教材图 9–28 并对比其他切削加工方法，讲解钻孔的工艺知识	对照课件和教材例图，理解并掌握
（2）扩孔：用扩孔刀具对工件上原有的孔进行扩大加工的方法称为扩孔。扩孔钻有 3 ~ 4 个刃带，无横刃，加工时导向效果好，背吃刀量小，轴向抗力小，切削条件优于钻孔。	对照教材图 9–30 讲解扩孔钻的结构及扩孔工艺知识	观察扩孔钻实物，结合教材例图，分析并掌握
（3）锪孔：用锪钻在孔口加工平底或锥形沉孔称为锪孔。锪孔时使用的刀具称为锪钻，一般用高速钢制造。锪钻按孔口的形状分为锥形锪钻、圆柱形锪钻和端面锪钻等，可分别锪制锥形沉孔、圆柱形沉孔和凸台端面等。	对照教材图 9–31 讲解锪钻及锪孔工艺知识	观看锪钻实物，结合教材例图，分析并掌握
（4）铰孔：用铰刀从工件孔壁上切除微量金属层，以获得较高的尺寸精度和较小的表面粗糙度值，这种对孔精加工的方法称为铰孔。铰刀是精度较高的多刃刀具，具有切削余量小、导向性好、加工精度高等特点。常用的铰刀有手用整体圆柱铰刀、机用整体圆柱铰刀等。	对照教材图 9–32 讲解铰刀及铰孔工艺知识	对照教材例图，理解并掌握
三、螺纹加工（重点、难点） 1. 攻螺纹：用丝锥在孔中加工出内螺纹的方法称为攻螺纹，丝锥分手用丝锥和机用丝锥两类。 2. 套螺纹：用板牙在圆杆上加工出外螺纹的方法称为套螺纹。套螺纹用的工具包括板牙和板牙架。板牙用合金工具钢或高速钢制成，在板牙两端面处有带锥角的切削部分，中间一段为具有完整牙型的校准部分，因此正、反均可	对照教材图 9–33、表 9–11 讲解丝锥的结构、特点、应用及攻螺纹工艺知识，并用视频展示攻螺纹的过程	观看攻螺纹视频，对照教材例图，理解并掌握

续表

教学内容	教师活动	学生活动
使用。另外，在板牙圆周上开有一V形槽，其作用是当板牙磨损螺纹直径变大后，可沿该V形槽切开，借助板牙架上的两调整螺钉进行螺纹直径的微量调节，以延长板牙的使用寿命。	对照教材图9–35、图9–36讲解板牙的结构、特点、应用及套螺纹工艺知识 布置随堂练习	观看板牙实物，结合教材分析并掌握 分组交流讨论，对比其他加工方法，理解钳加工的工艺方法，完成随堂练习
【课堂小结】 钳加工的特点是以手工操作为主，灵活性强，主要担负着用机械方法不太适宜或不能解决的某些工作。		

§9-7 数控加工

一、教学目标

1. 掌握数控机床的组成、工作过程。
2. 掌握数控机床的特点、常用数控机床的类型及用途。

二、教学重点

1. 数控机床的组成、工作过程。
2. 数控机床的特点、常用数控机床的类型及用途。

三、教学难点

数控机床的特点、常用数控机床的类型及用途。

四、教学建议

1. 数控加工广泛应用在现代制造业中。课堂教学要充分利用多媒体课件以加深学生的理解。

2. 教学过程中要坚持以教师为主导、学生为主体，以数控机床的组成→工作过程→数控机床的特点→常用数控机床的类型及用途为主线，引导学生积极思考、主动学习，并培养学生分析问题、解决问题的能力。

五、教学实施方案

教学内容	教师活动	学生活动
【教学引入】 按预先编制的程序，由控制系统发出数字信息指令对工件进行加工的机床，称为数控机床。具有数控特性的各类机床均可称为相应的数控机床，如数控车床、数控铣床、加工中心等。	视频展示数控机床的加工过程及其应用	观看视频，初步了解数控加工
一、数控机床的组成（重点） 数控机床的种类较多，组成各不相同，总体来讲，数控机床主要由控制介质、数控装置、伺服系统、测量反馈装置和机床主体等部分组成。	对照教材图 9-37 讲解数控机床的组成	分析并掌握

续表

教学内容	教师活动	学生活动
1. 控制介质 控制介质是指将零件加工信息传送到数控装置的程序载体。控制介质有多种形式，随数控装置类型的不同而不同，常用的有闪存卡、移动硬盘、U 盘等。	对照教材图 9–38 讲解控制介质及其作用	结合教材例图掌握
2. 数控装置 数控装置是数控机床的核心，通常是一台带有专门系统软件的专用计算机。它由输入装置、控制运算器和输出装置等构成。它接收控制介质上的数字化信息，经过控制软件或逻辑电路进行编译、运算和逻辑处理后，输出各种信号和指令，控制机床的各个部分进行规定的、有序的运动。	对照教材图 9–39 讲解数控装置及其作用	结合教材例图掌握
3. 伺服系统 伺服系统由驱动装置和执行部件（如伺服电动机）组成，它是数控机床的执行机构。伺服系统分为进给伺服系统和主轴伺服系统。伺服系统的作用是把来自数控装置的指令信号转换为机床移动部件的运动，使工作台（或滑板）精确定位或按规定的轨迹做严格的相对运动，最后加工出符合图样要求的零件。伺服系统作为数控机床的重要组成部分，其本身的性能直接影响整个数控机床的精度和速度。	对照教材图 9–40 讲解伺服系统及其作用 引导学生分组讨论、主动学习	对照课件和教材例图掌握 讨论交流
4. 测量反馈装置 测量反馈装置的作用是通过测量元件将机床移动的实际位置、速度参数检测出来，转换成电信号，反馈给数控装置，使数控装置能随时判断机床的实际位置、速度是否与指令一致，如果不一致数控装置将发出相应指令，纠正所产生的误差，进而保证机床的加工精度。测量反馈装置一般安装在数控机床的工作台或丝杠上，相当于普通机床的刻度盘和操作者的眼睛。	结合实际应用讲解测量反馈装置	对照课件和教材，理解并掌握

续表

教学内容	教师活动	学生活动
5. 机床主体 机床主体是数控机床的本体，主要包括床身、底座、工作台、主轴箱、进给机构、刀架、换刀机构等，此外为保证充分发挥数控机床的性能，数控机床还需要配备气动、液压、冷却、润滑、保护、照明、排屑等辅助装置。	对比普通机床主体讲解	对比普通机床理解
二、数控机床的工作过程（重点） 数控机床加工零件时，根据零件图样要求及加工工艺，将所用刀具、刀具运动轨迹与速度、主轴转速与旋转方向、冷却等辅助操作以及相互间的先后顺序，以规定的数控代码编制成程序，并输入到数控装置中，在数控装置内部控制软件的支持下，经过处理、计算后，向机床伺服系统及辅助装置发出指令，驱动机床各运动部件及辅助装置进行有序的动作与操作，实现刀具与工件的相对运动，加工出所要求的零件。	视频展示数控机床加工过程，对比讲解其应用特点，鼓励学生积极思考	观看视频，结合教材分析并掌握
三、数控机床的特点（重点、难点） 数控机床是实现柔性自动化的重要设备，与普通机床相比，数控机床具有如下特点： 1. 适应性强 数控机床在更换产品时，只需要改变数控装置内的加工程序、调整有关的数据就能满足新产品的生产需要，较好地解决了单件、中小批量和多变产品的加工问题。 2. 加工精度高 数控机床本身的精度都比较高，中小型数控机床的定位精度可达 0.005 mm，重复定位精度可达 0.002 mm，而且还可利用软件进行精度校正和补偿，因此可以获得非常高的加工精度。 3. 生产效率高 数控机床可进行大切削用量的强力切削，有	视频展示数控加工的零件，举例讲解数控机床在加工精度、生产效率、自动化程度、降低劳动强度等各方面的优势	观看视频，理解并掌握 结合实例分析并掌握

续表

教学内容	教师活动	学生活动
效节省了基本作业时间，还具有自动变速、自动换刀和其他辅助操作自动化等功能，使辅助作业时间大为缩短，所以一般比普通机床的生产效率高。 4. 自动化程度高，劳动强度低 数控机床的工作是按预先编制好的加工程序自动连续完成的，操作者除了输入加工程序或操作键盘、装卸工件、实施关键工序的中间检测以及观察机床运行之外，不需要进行繁杂的重复性手工操作，劳动强度与紧张程度均大为减轻。	视频展示数控加工的实例，引导学生进一步理解并掌握数控加工的特点和优势	观看视频并交流讨论
四、常用数控机床的类型及用途 常用数控机床的类型有数控车床、数控铣床、加工中心、数控磨床、数控钻床、数控电火花成形机床、数控线切割机床等。	视频展示数控电火花成形机床、数控线切割机床的加工过程 视频展示不同类型的数控机床及其应用 布置随堂练习	观看视频 观看视频，理解并掌握数控机床的类型及应用 讨论交流，完成随堂练习
【课堂小结】 数控机床可实现不同品种和不同尺寸规格工件的自动加工，能完成很多普通机床难以胜任或者根本不可能加工出来的复杂零件的加工。